农村燃气工程实用手册

百川能源股份有限公司 编

石油工业出版社

内 容 提 要

本书以百川能源股份有限公司农村"气代煤"项目工程实践为基础，针对管道燃气在农村使用的特点，内容涵盖了设计、采办、施工验收、运营维护、安全管理等诸多环节。

本书可作为农村燃气工程相关从业人员的培训教材，也可为燃气行业监管部门对农村燃气工程的管理提供依据。

图书在版编目（CIP）数据

农村燃气工程实用手册/百川能源股份有限公司编．

北京：石油工业出版社，2017.12

　ISBN 978-7-5183-2382-1

　Ⅰ．①农…　Ⅱ．①百…　Ⅲ．①农村-燃气-热力工程-技术培训-教材　Ⅳ．①TU996

中国版本图书馆 CIP 数据核字（2017）第 310764 号

出版发行：石油工业出版社
　　　　　（北京安定门外安华里2区1号　　100011）
　　　　　网　　址：www.petropub.com
　　　　　编 辑 部：（010）64269289
　　　　　图书营销中心：（010）64523633
经　　销：全国新华书店
印　　刷：北京中石油彩色印刷有限责任公司
2017年12月第1版　2017年12月第1次印刷
710×1000毫米　开本：1/16　印张：7.75
字数：140千字
定价：27.00元
（如出现印装质量问题，我社图书营销中心负责调换）

编委会

前　言

近年来伴随经济建设的飞速发展，传统能源带来的环境污染日趋严重，现阶段，可再生能源和新能源还难以担当重任，而天然气清洁、便利、高效且供应充裕，"气代煤"成为我国能源结构转型的必然之选。近年来为了改善生态环境，提高人民生活质量，各级政府相继出台了一系列政策。2017 年 3 月 5 日，在十二届全国人大五次会议政府工作报告中明确提出了北方地区冬季清洁取暖，以气代煤的目标；由国家环保部下发的《京津冀及周边地区 2017 年大气污染防治工作方案》中对全面推进冬季清洁取暖做了具体要求；《河北省人民政府关于加快实施保定、廊坊禁煤区电代煤气代煤的指导意见》中，对农村"气代煤"做了具体安排。

随着各级政府农村"气代煤"一系列政策的出台，农村天然气利用迎来了新的发展契机，京津冀作为大气污染的重灾区成了率先实施的区域。百川能源股份有限公司（以下简称百川能源）作为该地区内一个有能力有担当的主板上市能源企业，自 1997 年成立以来，始终秉承"百川能源，助力中国"的企业使命，为响应从国家到地方各级政府对以"气代煤"改善环境空气质量的要求，承担了三河市、香河县、大厂回族自治县、固安县、永清县及天津市武清区等区域内约 35 万农村居民"气代煤"项目，为京津冀环境质量的改善做出了巨大贡献。

百川能源作为率先开展农村燃气工程的一家能源企业，在工程实施过程中经历了许多不同于以往城镇燃气工程的特点。农村天然气利用工程中用户以居民生活和采暖为主，以村和城镇为区域，相对比较分散，农村在道路、建筑、市政基础设施建设上与城镇不同，在设计、施工、运营、安全等方面面临一系列的问题，现有标准、规范、文献专门用于农村燃气利用工程的较少。百川能源在实际工程中边摸索边实践，积累总结了大量成果，为了能使农村燃气工程的从业人员共享这些成果，特编写本书。

本书的编制从契合农村燃气工程的实际需求出发，总结了百川能源在以往燃气工程建设中的实践经验，吸纳了工程实践中大量的一手资料，参照了多个国内相关标准规范，借鉴了国内行业的先进技术，语言力求规范实用，在满足相关人员使用要求的同时，又代表一定的行业水平。鉴于农村燃气工程的特殊性，本书中一些来自百川燃气企业规定的要求，高于相关国家和行业标准，以确保工程安全可靠实施。本书可作为农村燃气工程从业人员的实用手册，也可为政府燃气管理部门规范农村燃气工程管理提供借鉴。

本书共十章，主要内容包括农村燃气工程的基本概念、设计计算、设备选择、管道布置、管道安装、设备安装、穿跨越工程、工程质量检查与验收、安全管理、运营维护等，内容涵盖了农村燃气工程的设计、采办、施工、验收、运营、管理等多个环节，覆盖了农村燃气工程的全过程。

由于编者水平有限，可参考借鉴的文献资料不多，书中难免存在不足之处，恳请读者批评指正。

目 录

第一章 基本概念

第一节 概 述

我国是世界第一大煤炭生产和消费国。煤炭产量占世界总产量的 47%，2014 年煤炭消费量占中国一次能源消费结构的 66%，远高于世界 30%的平均水平。我国煤炭消费结构较为分散。发电用煤占比约为 50%；工业、供热等领域直接燃烧用煤量超过 20%，这部分煤炭主要作为工业燃料、生活散烧使用，集中程度低，难以系统治理，污染物排放系数远远高于燃煤电厂。据统计，当前我国散烧燃煤用量为（9~10）×10^8t，严重影响生态环境。同时，煤电机组中相当部分比例为小型机组，这些机组的发电效率、能耗和污染物排放等方面仍具有相当大的改造空间。现阶段，可再生能源和新能源还难以担当重任，而天然气清洁、便利、高效且供应充裕，"气代煤"成为我国能源结构转型的必然之选。近年来为了改善生态环境，提高人民生活质量，各级政府出台了一系列政策。

2017 年 3 月 5 日，在十二届全国人大五次会议政府工作报告中，李克强总理重点提到："加大生态环境保护治理力度，加快改善生态环境特别是空气质量，是人民群众的迫切愿望，是可持续发展的内在要求。必须科学施策、标本兼治、铁腕治理，努力向人民群众交出合格答卷。坚决打好蓝天保卫战。2017 年二氧化硫、氮氧化物排放量要分别下降 3%，重点地区细颗粒物（PM2.5）浓度明显下降。一定要加快解决燃煤污染问题，全面实施散煤综合治理，推进北方地区冬季清洁取暖，完成以电代煤、以气代煤 300 万户以上，全部淘汰地级以上城市建成区燃煤小锅炉。"

由国家环保部印发的《京津冀及周边地区 2017 年大气污染防治工作方案》中对全面推进冬季清洁取暖做了以下要求：

（1）实施冬季清洁取暖重点工程。将"2+26"城市列为北方地区冬季清洁取暖规划首批实施范围。全面加强城中村、城乡接合部和农村地区散煤治理，北京市、天津市、廊坊市、保定市10月底前完成"禁煤区"建设任务，并进一步扩大实施范围，实现冬季清洁取暖。传输通道其他城市于10月底前，按照宜气则气、宜电则电的原则，每个城市完成（5～10）万户以气代煤或以电代煤工程。加大工业低品位余热、地热能等利用。

（2）10月底前完成小燃煤锅炉"清零"工作。10月底前，北京、天津、石家庄、廊坊、保定、济南、郑州行政区域内基本淘汰10蒸吨及以下燃煤锅炉，以及茶炉大灶、经营性小煤炉。其他城市建成区及县城全面淘汰10蒸吨及以下燃煤锅炉。燃煤窑炉加快电炉、气炉改造进度。

（3）"2+26"城市实现煤炭消费总量负增长。新建用煤项目实行煤炭减量替代。以电、天然气等清洁能源替代的散煤量，可纳入新上热电联产项目煤炭减量平衡方案。20万人口以上县城基本实现集中供热或清洁能源供热全覆盖。新增居民建筑采暖要以电力、天然气、地热能、空气能等采暖方式为主，不得配套建设燃煤锅炉。

2016年9月《河北省人民政府关于加快实施保定、廊坊禁煤区电代煤气带煤的指导意见》中，对农村"气代煤"做了具体安排。由保定市、廊坊市组织各县（市、区）通过招标等方式，选择有资质、有实力、有业绩、气源有保障的供气企业，采取"宜管则管""宜罐则罐"方式实施。

（1）管道气源及管网建设。具备从天然气管网接气条件的农村，实行"宜管则管"。由供气企业与当地政府统筹考虑经济性、建设条件等因素，提出建设改造方案。省、市帮助协调对接上游气源企业，落实气源和管网接口等。

（2）移动气源及配套设施建设。不具备从天然气管网接气条件的农村，实行"宜罐则罐"。由县（市、区）政府指导配合供气企业合理布局建设LNG橇装站及配套设施。

（3）建设村内入户管线。由供气企业按照国家有关技术标准和安全规范，结合农村实际投资建设。

（4）户内燃气设备购置安装。户内生活采暖主要配备燃气壁挂炉。由保定市、廊坊市明确技术标准，组织各县（市、区）通过招标等方式确定设备厂家及型号、价格，农户在选定的厂家清单内自主选择所需设备，由设备厂家负责安装运行维护。户内其他采暖配套设施，由农户自行负责。

（5）核定补贴用气量。测算"气代煤"后户均新增采暖用气量，参照燃煤成本，核定每户每年最高按 1200m³ 给予补贴。

（6）配套储气设施建设。供气企业应按实际售气一定比例建设储气调峰设施，保障安全稳定供气；暂不具备建设储气设施条件的供气企业也须承担储气义务，可购买或租用储气企业的相应库容。保定市、廊坊市要加快规划建设必需的储气调峰设施，积极引入投资主体并协助落实建设条件。

2017 年《廊坊市气代煤电代煤实施意见中》明确提出，2017 年 10 月底前，完成我市 10 个县（市、区）2509 个村街 700551 户散煤替代工作。其中，禁煤区剩余气代煤 1304 个村、329924 户，电代煤 284 个村、69868 户；禁煤区以外（霸州、文安、大城）气代煤 921 个村、300759 户。

近些年，随着天然气产业的高速发展，国家主干天然气管网已经初步成型，各省级燃气管网也在逐步建设，各主要大中型城市也基本形成了天然气的气化，而在农村受条件限制，天然气的发展相对薄弱。从 2016 年开始，随着各级政府农村"气代煤"一系列政策的出台，农村天然气利用迎来了新的发展契机，京津冀作为空气污染的重灾区成了率先实施的地区。

农村天然气的利用和城镇燃气的利用对比，有着一些不同的特点。其用户以居民生活和采暖为主，用户以村和城镇为区域，相对比较分散，有条件的可以使用管道燃气，无上游燃气管道依托的可采用 LNG 或 CNG 区域供气。因用气以居民和采暖为主，所以小时的不均匀性和季节的不均匀性很强，加之农村在道路、建筑、市政基础设施建设上与城镇的不同，使农村燃气的利用在设计、施工、运营、安全等方面都面临一些新的问题，这些也是本手册编制的主要内容。

第二节 遵循的主要标准规范

农村燃气工程遵循的主要标准规范如下：

（1）《城镇燃气设计规范》（GB 50028—2006）。

（2）《工业金属管道设计规范（2008 版）》（GB 50316—2000）。

（3）《城镇燃气技术规范》（GB 50494—2009）。

（4）《城镇燃气室内工程施工与质量验收规范》（CJJ 94—2009）。

（5）《现场设备、工业管道焊接工程施工规范》（GB 50236—2011）。

（6）《住宅建筑规范》（GB 50368—2005）。

（7）《建筑机电工程抗震设计规范》（GB 50981—2014）。

（8）《工业金属管道工程施工规范》（GB 50235—2010）。

（9）《工业金属管道工程施工质量验收规范》（GB 50184—2011）。

（10）《建筑设计防火规范》（GB 50016—2014）。

（11）《城镇燃气输配工程施工及验收规范（附条文说明）》（CJJ 33—2005）。

（12）《石油化工设备和管道涂料防腐蚀设计规范》（SH/T 3022—2011）。

（13）《油气输送管道穿越工程施工规范》（GB 50424—2015）。

（14）《现场设备、工业管道焊接工程施工质量验收规范》（GB 50683—2011）。

（15）《聚乙烯燃气管道工程技术规程（附条文说明）》（CJJ 63—2008）。

（16）《城镇燃气埋地钢质管道腐蚀控制技术规程》（CJJ 95—2013）。

第三节　术　语

农村燃气工程常用术语如下。

一、覆土厚度

覆土厚度是指埋地管道管顶至地表面的垂直距离。

二、示踪线

示踪线由铜包钢金属线芯与 PE 外保护层组成，外观成线状，通过探测设备施加信号，探测接收设备接收信号，从而追踪到 PE 管道的位置。

三、弯曲半径

弯曲半径是把曲线上一个极小的段用一段圆弧代替，这个圆的半径就是弯曲半径。本书中特指 PE 管道在敷设过程中，利用管道弯曲替代管件的做法。

四、非开挖定向穿越

非开挖定向穿越是指利用各种岩土钻掘设备和技术手段，通过导向、定向钻进等方式在地表极小部分开挖的情况下（一般指入口和出口小面积开挖），敷设燃气管线的施工技术。

五、无损检测

无损检测是指在不损害或不影响被检测对象使用性能的前提下，采用射线、超声等原理技术并结合仪器对燃气管道进行缺陷参数检测的技术。

六、色号

色号是为了便于对商品颜色的区分而标注的号码。

七、重要的公共建筑

重要的公共建筑是指性质重要、人员密集，发生火灾后损失大、影响大、伤亡大的公共建筑物。

八、调压柜（箱）

将调压装置放置于专用箱体，设置于用气建筑物附近，承担用气压力的调节。调压柜（箱）包括调压装置和箱体。悬挂式箱称为调压箱，落地式箱称为调压柜。

九、燃具

燃具是指以燃气作为燃料的燃烧用具的总称，本书特指以天然气作为燃料的燃气灶、燃气热水器、壁挂炉等。

十、自闭阀

自闭阀是指安装于低压燃气系统管道上，当管道供气压力出现欠压、超压时，不用电或其他外部动力，能自动关闭并须手动开启的装置。

十一、壁挂炉

壁挂炉是指以燃气为热源，固定安装在墙壁上，功率不大于 70kW，制备热水用于生活及采暖的燃具。

十二、母材

母材是指在焊接工程中被焊接的材料。

十三、钢塑过渡

钢塑过渡是指连接 PE 管与钢管的专用转换管件，分为直管式、弯管式两种。

十四、U 形压力计

U 形压力计由 U 形管及刻度板组成，压力以水柱或汞柱高度来表示。

十五、院落外

院落外是指中压接口处至引入球阀，包含燃气调压装置、埋地管线等。

十六、院落内

院落内是指引入球阀至用气终端，包含燃气计量装置、燃气具。

十七、压缩天然气（CNG）

压缩天然气是指压缩到压力不小于 10MPa 且不大于 25MPa 的气态天然气。

十八、液化天然气（LNG）

液化天然气是指经超低温（-162℃）常压液化形成的液态天然气。

第二章　设计计算

第一节　设计参数选取

农村燃气的使用对象主要是城镇以外的农村居民，其用户单一，通常只有居民用气，设计参数主要为村内燃气管道和各户入户管道的计算流量。

北方地区农村燃气用户对燃气的使用主要是居民生活用气和采暖用气。

燃气小时计算流量（0℃，101.325kPa），通常按式（2-1）计算：

$$Q_h = \frac{1}{n}Q_a \qquad (2-1)$$

$$n = \frac{365 \times 24}{K_m K_d K_h} \qquad (2-2)$$

式中　Q_h——燃气小时计算流量，m^3/h；

　　　Q_a——年燃气用量，m^3；

　　　n——年燃气最大负荷利用小时数，h；

　　　K_m——月高峰系数，计算月的日平均用气量和该年的日平均用气量之比；

　　　K_d——日高峰系数，计算月中的日最大用气量和该月日平均用气量之比；

　　　K_h——小时高峰系数，计算月中最大用气量日的小时最大用气量和该日小时平均用气量之比。

用户用气的高峰系数，应根据该城镇各类用户燃气用量（或燃料用量）的变化情况，编制成月、日、小时用气负荷资料，经分析研究确定。

农村居民的生活用气主要是一日三餐及生活热水，所需的燃气小时计算流量，一般可取 $0.7m^3/h$。

农村居民采暖所需燃气小时计算流量，一般可取 $1.8m^3/h$。

各户燃气管道的计算流量按每户生活及采暖计算月小时高峰叠加确定。村内燃气管道的计算流量，应按计算月的小时最大用气量计算。该小时最大用气量应根据所有用户燃气用气量的变化叠加后确定。

农村用燃气管道的计算流量可按式（2-3）计算：

$$Q_h = \sum kNQ_n \qquad (2-3)$$

式中　Q_h——燃气管道的计算流量，m^3/h；

k——燃具同时工作系数，居民生活用燃具可按表 2-1 确定；

N——同种燃具或成组燃具的数目；

Q_n——燃具的额定流量，m^3/h。

表 2-1　居民生活用燃具的同时工作系数 k

同类型燃具数目 N	燃气双眼灶	燃气双眼灶和快速热水器	同类型燃具数目 N	燃气双眼灶	燃气双眼灶和快速热水器
1	1.000	1.000	40	0.390	0.180
2	1.000	0.560	50	0.380	0.178
3	0.850	0.440	60	0.370	0.176
4	0.750	0.380	70	0.360	0.174
5	0.680	0.350	80	0.350	0.172
6	0.64	0.310	90	0.345	0.171
7	0.600	0.290	100	0.340	0.170
8	0.580	0.270	200	0.310	0.160
9	0.560	0.260	300	0.300	0.150
10	0.540	0.250	400	0.290	0.140
15	0.480	0.220	500	0.280	0.138
20	0.450	0.210	700	0.260	0.134
25	0.430	0.200	1000	0.250	0.130
30	0.400	0.190	2000	0.240	0.120

第二节　管网水力计算

农村燃气工程燃气管网多为枝状，局部可能成网或成环，管网压力多为低压或中压，燃气管网的水力计算可以参照 GB 50028—2006《城镇燃气设计规范》，具备条件的可以使用专业计算软件完成。

一、低压燃气管道单位长度的摩擦阻力损失

低压燃气管道单位长度的摩擦阻力损失应按式（2-4）计算：

$$\frac{\Delta p}{l} = 6.26 \times 10^7 \, \lambda \frac{Q^2}{d^5} \rho \frac{T}{T_0} \tag{2-4}$$

式中　Δp——燃气管道摩擦阻力损失，Pa；

λ——燃气管道摩擦阻力系数；

l——燃气管道的计算长度，m；

Q——燃气管道的计算流量，m^3/h；

d——管道内径，mm；

ρ——燃气的密度，kg/m^3；

T——设计中所采用的燃气温度，K；

T_0——取 273.15，K。

二、高压、次高压和中压燃气管道的单位长度摩擦阻力损失

高压、次高压和中压燃气管道的单位长度摩擦阻力损失应按式（2-5）计算：

$$\frac{p_1^2 - p_2^2}{l} = 1.27 \times 10^{10} \, \lambda \frac{Q^2}{d^5} \rho \frac{T}{T_0} Z \tag{2-5}$$

$$\frac{1}{\sqrt{\lambda}} = -2\lg\left[\frac{K}{3.7d} + \frac{2.51}{Re\sqrt{\lambda}}\right] \qquad (2\text{-}6)$$

式中　p_1——燃气管道起点的压力（绝对压力），kPa；

$\quad\quad p_2$——燃气管道终点的压力（绝对压力），kPa；

$\quad\quad Z$——压缩因子，当燃气压力小于 1.2MPa（表压）时，Z 取 1；

$\quad\quad L$——燃气管道的计算长度，km；

$\quad\quad \lambda$——燃气管道摩擦阻力系数，宜按式（2-6）计算；

$\quad\quad K$——管壁内表面的当量绝对粗糙度，mm；

$\quad\quad Re$——雷诺数（无量纲）。

三、室外燃气管道的局部阻力损失

室外燃气管道的局部阻力损失可按燃气管道摩擦阻力损失的 5%～10% 进行计算。

四、燃气低压管道从调压站到最远燃具的允许阻力损失

燃气管道从调压站到最远燃具的允许阻力损失可按式（2-7）计算：

$$\Delta p_{\mathrm{d}} = 0.75 p_{\mathrm{n}} + 150 \qquad (2\text{-}7)$$

式中　Δp_{d}——从调压站到最远燃具的管道允许阻力损失，Pa；

$\quad\quad p_{\mathrm{n}}$——低压燃具的额定压力，Pa。

注：Δp_{d} 含室内燃气管道允许阻力损失，当由调压站供应低压燃气时，室内低压燃气管道允许的阻力损失，应根据建筑物和室外管道等情况，经技术经济比较后确定。

居民生活的各类用气设备应采用低压燃气，用气设备前（灶前）的燃气压力应在 $(0.75\sim1.5)p_{\mathrm{n}}$ 的范围内（p_{n} 为燃具的额定压力）。

第三节　系统设计

农村燃气工程系统主要有管道气源、LNG 气源、CNG 气源几种方式，其中以管道气源使用最为普遍，在上游无管道气源依托时，可使用 LNG 气源或 CNG 气源。

一、管道气源

管道气源供气主要有中压燃气管网供气和低压燃气管网供气两种方式，中压管网的供气压力一般为 0.4MPa，低压管网的供气压力一般为 0.01MPa，其中以低压燃气管网供气应用最为普遍。

中压燃气管网供气系统一般从市政中压管网或高中压调压站取气进入中压燃气管网，经中压管网输送到居民用户，再经用户前的调压器、燃气表，至用户灶具和燃气采暖炉。

低压燃气管网供气系统一般从市政中压管网取气，经中低压调压站，进入低压燃气管网，通过低压管网输送到居民用户，再经用户燃气表，至用户灶具和燃气采暖炉。

二、LNG 气源

LNG 气源通常来自 LNG 接收站或天然气液化工厂，通过 LNG 槽车运送到 LNG 供应站。LNG 作为气源，运输距离远，可达上千公里，供气能力较大，日供气能力可达上万立方米。LNG 供气系统是将 LNG 储罐中的液态天然气经汽化器汽化成为气态的中压天然气，再经调压设施进入中压或低压燃气管网，通过中压或低压的燃气管网供气系统向用户供气。LNG 供气系统如图 2-1 所示。

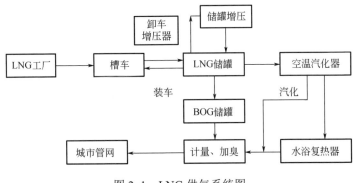

图 2-1　LNG 供气系统图

三、CNG 气源

　　CNG 气源通常来自 CNG 加气母站，通过 CNG 气瓶车运送到 CNG 供应站。CNG 作为气源，运输距离较短，一般为 200～300km，供气能力较小，一般日供气量为几千立方米。CNG 供气系统是将高压气瓶内的压缩天然气经多级调压，将压力降为中压或低压，进入中压或低压燃气管网，通过中压或低压的燃气管网供气系统向用户供气。

第三章　设备选择

第一节　调压装置

　　燃气调压（计量）箱（柜、站）作为燃气输配管网的调压装置，可为居民小区、公共服务用户、直燃设备、燃气锅炉、工业炉窑等供气。农村用调压设置主要包括中、低压燃气调压箱（图3-1）、调压柜（图3-2）、调压站、调压计量箱，选用的调压装置进口压力为0.05～0.4MPa，出口压力为2.8kPa。调压设备应符合现行国家及行业有关技术规定，并选用天然气专用调压设备，所有压力管道元件必须经由国家安全制造许可证资格的生产厂家生产和制造。每台调压箱所带壁挂采暖炉数量根据设计图纸规定执行。用户采暖设备不是壁挂采暖炉时，可由设计人员出具方案。

图3-1　燃气调压箱内部结构图

图 3-2 燃气调压柜

一、主要配置

燃气调压装置主要由燃气过滤器、燃气调压器、安全切断阀、安全放散阀、铸钢球阀（或蝶阀）、计量仪表、主管道及控制管路组成。

二、扩展功能

（1）可选配流量计和压差计。

（2）可选配数据采集系统。

（3）可根据用户需求对调压设备采取保温增温措施。

三、产品特性

（1）集调压（计量）过滤、安全切断、安全放散于一体。

（2）设备经严格的全性能测试，使燃气调压输配运行稳定、安全可靠。

（3）设备结构设计合理、造型美观、占地少、符合环保要求，适合室内外安装。

（4）扩展性好，可根据用户需求增设燃气报警、数据采集和保温增温系统。

（5）设备安装、调试简便，使用、维护方便。

（6）结构合理、功能完善、可靠性高、系统协调性好。

（7）箱体可分为：钢板喷塑箱体、不锈钢箱体、彩钢板保温箱体，可满足不同环境的要求。

（8）使用介质为天然气、人工煤气、液化石油气等气体。

四、主要结构形式

燃气调压装置主要结构形式如下：

（1）2+1（2路调压+1路旁通）。

（2）2+0（2路调压无旁通）。

（3）1+1（1路调压+1路旁通）。

（4）1+0（1路调压无旁通）。

五、主要技术参数

进口压力范围 p_1：0.02～0.4MPa。

出口压力范围 p_2：1～5kPa，5～30kPa，30～150kPa。

调压精度：≤±5%。

关闭压力 p_b：1.2～1.25kPa。

工作温度：−40～60℃。

第二节　计量装置

　　燃气计量装置主要为入户计量表，计量表带 1 台壁挂采暖炉及 1 台民用双眼灶。采暖设备不是壁挂采暖炉时，可由设计人员选型。

一、IC 卡智能燃气表

　　IC 卡智能燃气表是机电一体化智能预付费燃气计量仪表，计量准确、性能可靠，可广泛应用于城镇居民家庭，是提高供气单位现代化管理水平的理想计量器具。

二、IC 卡智能燃气表技术参数

　　某厂 IC 卡智能燃气表主要技术参数见表 3-1。

表 3-1　某厂 IC 卡智能燃气表主要技术参数

主要指标	单位	型号规格		
		G1 6	G2.5	G4
最大流量	m^3/h	2.5	4	6
最小流量	m^3/h	0.016	0.025	0.04
计量精度	级	1.5		
机电转换误差	m^3/h	≤0.01		
工作压力	kPa	0.5～10		
压力损失	Pa	≤230		
工作电压	V	5～6		
卡座耐用性	次	>10 万		
质量	kg	2.12		
环境温度	℃	−15～40		

　　注：（1）产品符合中华人民共和国国家标准 GB/T 6968—2011《膜式煤气表》的规定。
　　　　（2）产品符合中华人民共和国城镇建设行业标准 CJ/T 112—2008《IC 卡膜式燃气表》的规定。
　　　　（3）产品符合中华人民共和国国家计量检定规程 JJG 577—2012《膜式燃气表》的规定。

IC 卡智能燃气表外形结构如图 3-3 所示。

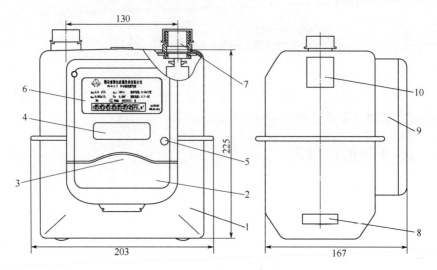

图 3-3　IC 卡智能燃气表外形结构

1—基表；2—电池舱盖；3—插卡口（打开电池舱盖）；4—液晶显示屏；

5—查询按键；6—铭牌；7—内置阀门；8—条形码；

9—控制盒；10—合格证

第三节　阀　门

室外管道一般选用 PE 球阀或钢制球阀进行截断，室内管道一般选用内螺纹球阀、直嘴球阀。为保障室内管道安全，在户内低压燃气管道末端安装燃气安全自闭阀。

一、室外阀门

（一）PE 球阀

埋地聚乙烯管线阀门选用 PE 球阀（带双放散），执行标准为《燃气用埋地聚乙烯（PE）管道系统　第 3 部分：阀门》（GB 15558.3—2008）。

（二）钢制球阀

埋地钢管线阀门（带膨胀节及双放散）、调压箱前阀门、放散阀均选用法兰钢制球阀 Q41F-16C，执行标准为《石油、石化及相关工业用的钢制球阀》（GB/T 12237—2007）。

二、室内阀门

（一）计量表前阀门

计量表前阀门设置于表箱外，选用内螺纹球阀 Q11F-16，规格为 DN15mm。

（二）灶前阀、采暖炉前阀门

灶前阀、采暖炉前阀门选用直嘴球阀 Q11F-16T，规格为 DN15mm。

（三）自闭阀

管道燃气安全自闭阀（自闭阀）是一种安装在户内低压燃气管道末端，经软管与燃器具连接（也可用金属波纹管连接），能感应燃气压力，自动关闭，人工复位的新型安全装置。

胶管脱落、烧断时自闭阀自动关闭。因胶管老化、硬化、连接等各种原因导致的脱落，因失火导致的胶管燃烧时有发生。当出现这些事故时，自闭阀能自动关闭，切断气源，防止回火事故及无人留守引起的意外泄漏事故发生。

欠压自闭：当供气压力过低有可能引起熄火或回火时，自闭阀自动关闭，有效杜绝气源不足、间歇供气、分时供气、高峰期、冰堵等造成的供气压力不稳引发的泄漏事故。

停气自闭：当停气检修或第三方意外破坏（如挖断管道）造成突然停气时，自闭阀自动关闭，防止回火及复供气时燃气泄漏。

超压自闭：当调压设备失灵，致使管道内燃气压力超出安全使用范围时，自动关闭，防止胶管因高压而破裂、脱落，或灶具因高压发生意外等。

环保：自闭阀无任何污染，自动检测安全可靠，不受环境干扰。

节约：自闭阀不需要电池和任何电源，无运行和维护费用，节能环保，使用寿命长。

某厂自闭阀产品型号如表 3-2 所示。

表 3-2　某厂自闭阀型号

分类	口径（mm）	型号	规格	出口方式	备注
表前自闭阀	DN15	Z2.5TB	15/15A	双头螺纹	额定进口压力 2.5kPa，额定流量 2.5m³/h
灶前自闭阀	DN15	Z0.9TZ	15/9.5A 15/15A	胶管口 螺纹口	额定进口压力 2.5kPa，额定流量 0.9m³/h，关闭流量 1.6m³/h
	DN15	Z0.6TZ	15/9.5A 15/15A	胶管口 螺纹口	额定进口压力 2.5kPa，额定流量 0.6m³/h，关闭流量 1.0m³/h

某厂自闭阀技术参数如表 3-3 所示。

表 3-3　某厂自闭阀技术参数

超压自动关闭压力（kPa）	8±2
欠压自动关闭压力（kPa）	0.8±0.2
自动关闭时间（s）	≤2
外壳密闭性	40kPa 测试无泄漏
气密性	5kPa 无泄漏
入口连接尺寸	ZG½in 内螺纹
出口连接尺寸	ϕ9.5mm 胶管接头
外形尺寸（mm）	154×64×62

第四节　灶　具

灶具即炊具。灶具按使用气种分为天然气灶、人工煤气灶、液化石油气灶；按材质分为铸铁灶、不锈钢灶、搪瓷灶；按灶眼分为单眼灶、双眼灶、多眼灶；按点火方式分为电脉剖点火灶、压电陶瓷点火灶；按安装方式分为台式灶、嵌入式灶。

某厂灶具型号参数见表 3-4。

表 3-4　某厂灶具型号参数

产品型号	产品图片	产品参数	功能
JZT-Q236		热流量 4.1kW，热效率≥ 55%，开孔尺寸 630mm×330mm	黑色钢化玻璃面板，带自动熄火保护装置
JZT-T205X		热流量 4.1kW，热效率≥55%	全进风，带熄火保护装置，不锈钢面板

第五节　燃气采暖壁挂炉

　　燃气采暖壁挂炉具有防冻保护、放干烧保护、意外熄火保护、温度过高保护、水泵防卡死保护等多种安全保护措施。燃气采暖壁挂炉可以外接室内温度控制器，以实现个性化温度调节和达到节能的目的。燃气采暖壁挂炉具有强大的家庭中央供暖功能，能满足多居室的采暖需求，并且能够提供大流量恒温卫生热水，供家庭沐浴、厨房等场所使用。

　　某品牌燃气采暖壁挂炉型号、参数如表 3-5 所示。

表 3-5　某品牌燃气采暖壁挂炉型号、参数

参数		单位	型号				
			L1PB18-YC	L1PB20-YC	L1PB26-YC	L1PB28-YC	L1PB31-YC
额定热负荷		kW	18	20	26	28	31
额定输出功率		kW	16	18	24	26	28
最小输出功率		kW	6.9	7.2	9.7	10.1	10.6
热效率	额定输入功率时	%	≥88	≥88	≥88	≥88	≥88

参数		单位	型号				
			L1PB18-YC	L1PB20-YC	L1PB26-YC	L1PB28-YC	L1PB31-YC
额定压力	天然气G20	Pa	2000	2000	2000	2000	2000
	液化石油气G30/G31	Pa	2800	2800	2800	2800	2800
供暖参数	温度调节范围	℃	30~85	30~85	30~85	30~85	30~85
	低温系统温度调节范围	℃	30~60	30~60	30~60	30~60	30~60
	供暖参考面积	m²	50~120	60~140	80~180	90~200	100~220
	供暖系统最大压力	MPa	0.3	0.3	0.3	0.3	0.3
膨胀水箱	容积	L	6	6	6	6	6
	预冲压力	MPa	0.1	0.1	0.1	0.1	0.1
卫生热水参数	温度调节范围	℃	30~60	30~60	30~60	30~60	30~60
	最小启动流量	L/min	3	3	3	3	3
	关闭流量	L/min	2	2	2	2	2
	最大水压	MPa	0.8	0.8	0.8	0.8	0.8
	最小水压	MPa	0.04	0.04	0.04	0.04	0.04
	25℃时出水量	L/min	8.9	10	13.3	14.4	15.5
	30℃时出水量	L/min	7.5	7.3	10.8	11.6	12.9

续表

参数		单位	型号				
			L1PB18-YC	L1PB20-YC	L1PB26-YC	L1PB28-YC	L1PB31-YC
电气特性	电压/频率	V/Hz	220/50	220/50	220/50	220/50	220/50
	额定电功率	W	110	110	110	110	110
	熔断丝负荷	A	3.15	3.15	3.15	3.15	3.15
	绝缘等级		I	I	I	I	I
	保护等级		IP5XD	IP5XD	IP5XD	IP5XD	IP5XD
外观尺寸	高	mm	740	740	740	740	740
	宽	mm	410	410	410	410	410
	厚	mm	328	328	328	328	328
净/毛重		kg	36/40	36/40	36/40	36/40	36/40
管路接口	供暖出水/回水	in	G3/4	G3/4	G3/4	G3/4	G3/4
	燃气入口	in	G3/4	G3/4	G3/4	G3/4	G3/4
	卫生热水/冷水	in	G1/2	G1/2	G1/2	G1/2	G1/2
	同轴进气/排气烟管	mm	$\phi 60/\phi 100$	$\phi 60/\phi 100$	$\phi 60/\phi 100$	$\phi 60/\phi 100$	$\phi 60/\phi 100$

第四章　管道布置

第一节　管材及管件的选用

室外管道管材一般选用聚乙烯管，室内选用镀锌钢管。管件根据管材材质确定，包括弯头、三通和管帽等。

一、PE管材（件）选取

（1）施工前应正确检查 PE 管材、管件的型号、材质、生产日期以及材料质量合格证明。

（2）PE 管道、管件从生产到使用之间的存放时间不宜超过 1 年，超过上述期限时必须重新抽样检验，合格后方可使用。

（3）直埋管道应采用 PE100 SDR17.6 管材，定向穿越段管道应采用 PE100 SDR11 管材。

（4）管材搬运时，不得抛、摔、滚、拖；在冬季搬运时应小心轻放。当采用机械设备吊装管道时，必须用非金属绳（带）吊装。

（5）严禁采用电熔鞍形旁通。

二、钢塑过渡选取

（1）施工前仔细对钢塑过渡进行外观检查，对产品出厂合格证进行检查。

（2）钢塑过渡钢管段应为刚性无缝管，且长度应大于 250mm；钢管段与 PE 管道转换部位不得松动。

（3）钢塑过渡管件表面应光滑平整，不应有明显划伤、凹陷、鼓包等表面缺陷。

三、架空钢管选取

（1）施工前应对钢管外观进行检查，核实管径、产品出厂合格证，钢管凹坑的深度不超过公称管径的2%。

（2）钢制管件壁厚不应小于连接钢管的壁厚。

（3）架空焊接钢管应选用无缝钢管。

四、室内管道选取

（1）室内管道应选用热镀锌钢管（热浸镀锌），其材质为Q235B。

（2）管件为可锻铸铁螺纹管件（玛钢管件）。

（3）密封材料应采用油性聚四氟乙烯生料带，严禁采用干性生料带。

第二节　室外管道布置

室外管道以埋地敷设为主，部分管道需架空通过障碍物，管道布置需满足《城镇燃气设计规范》（GB 50028—2006）的要求。

一、埋地管道

（1）地下燃气管道与建筑物、构筑物或相邻管道之间的水平和垂直净距见表4-1、表4-2。

表4-1　地下燃气管道与建筑物、构筑物或相邻管道之间的水平净距（m）

项目		地下燃气管道		
		低压	中压	
			B	A
建筑物的	基础	0.7	1.0	1.5
	外墙面（出地面处）	—	—	—
给水管		0.5	0.5	0.5
污水、雨水排水管		1.0	1.2	1.2

项目		地下燃气管道		
		低压	中压	
			B	A
电力电缆 （含电车电缆）	直埋	0.5	0.5	0.5
	在导管内	1.0	1.0	1.0
热力管	直埋热水管	1.0	1.0	1.0
	直埋蒸汽管	2.0	2.0	2.0
	管沟内（至外壁）	1.0	1.0	1.5
通信电缆	直埋	0.5	0.5	0.5
	在导管内	1.0	1.0	1.0
其他燃气管道	≤300mm	0.4	0.4	0.4
	DN＞300mm	0.5	0.5	0.5
电杆（塔） 的基础	≤35kV	1.0	1.0	1.0
	＞35kV	2.0	2.0	2.0
通信照明电杆（至电杆中心）		1.0	1.0	1.0
铁路路堤坡脚		5.0	5.0	5.0
有轨电车钢轨		2.0	2.0	2.0
街树（至树中心）		0.75	0.75	0.75

表4-2　地下燃气管道与构筑物或相邻管道之间垂直净距（m）

名称		净距	
		聚乙烯管道在该设施上方	聚乙烯管道在该设施下方
给水管、燃气管		0.15	0.15
排水管		0.15	加套管，套管距排水管0.15
电缆	直埋	0.50	0.50
	在导管内	0.20	0.20
供热管道	直埋管	0.50（加套管）	1.00（加套管）
	管沟	0.20（加套管）或0.40	0.30（加套管）

注：如受地形限制无法满足时，经与有关部门协商，采取行之有效的防护措施后，净距均可适当缩小，
　　但中压管道距建筑物基础不应小于0.5m且距建筑物外墙面不应小于1m，低压管道应不影响建（构）
　　筑物和相邻管道基础的稳固性。

（2）埋地 PE 球阀应安装在现场砌筑的阀井内。阀门及阀井安装示意见图 4-1。

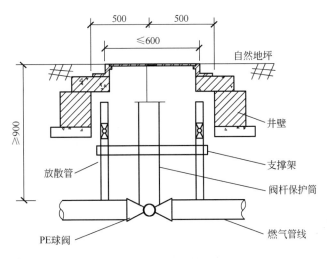

图 4-1　PE 球阀安装示意图

（3）PE 管允许弯曲半径不小于 25D，当管道弯曲管段上有承口管件时，管道的允许弯曲半径不小于 125D。当自然弯曲无法满足时，采用 PE 弯头，弯头尽量采用 45°或 90°弯头。

（4）燃气管沟与电信、电缆管道等重要地下管线交叉时，应与有关单位联系商定穿越方式和保护措施。

（5）埋地燃气管道穿越排水沟时应在排水沟下部穿过，并保证垂直净距≥0.2m。穿越时燃气管道需加套管，套管应伸出沟壁不小于 500mm。套管与沟壁用水泥麻丝封堵严密。穿越排水沟安装示意图见图 4-2。

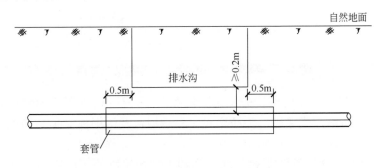

图 4-2　穿越排水沟安装示意图

（6）燃气管道穿越砖路或土路宜采用开挖敷设，覆土深度不得小于 0.9m。

（7）套管采用钢套管，套管内径应比燃气管道大 100mm，穿路套管伸出路边缘≥1.0m。套管两端应进行封堵。套管防腐采用环氧煤沥青加强级防腐。

（8）穿越水泥路、沥青路和开挖敷设困难的道路采用定向钻敷设。定向钻穿越入土角范围应控制在 8°～12°，出土角范围为 4°～8°。施工过程应注意定向钻施工路由处的地上、地下设施。

（9）聚乙烯燃气管道管顶上方 0.3～0.5m 处敷设带金属示踪线的警示带，警示带搭接长度不小于 200mm。燃气管道沿线应设置标志牌。

（10）为了保证埋地燃气管道挖深不危及村内建筑设施，管线在建筑物基础附近埋深应控制在 300～600mm 范围内，具体做法见图 4-3。

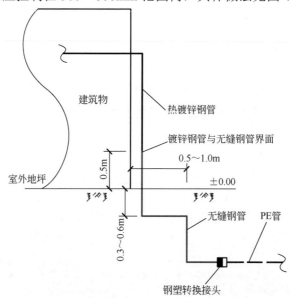

图 4-3　建筑物基础附近燃气管道安装示意图

（11）穿越河流及沟渠优先采用随桥敷设方式穿越，在条件不允许时采用大开挖或定向钻方式穿越。随桥敷设、穿越河流及沟渠前必须与当地主管部门协商，取得许可后方可施工。穿越工程施工后必须恢复原貌。

（12）地下燃气管道不得从建筑物和大型构筑物的下面穿越，地下燃气管道上面不得堆放柴垛等易燃物。

二、架空管道

（1）为保障安全，村内燃气管道在条件许可的情况下应尽量采用地埋方式，特殊情况下可采用架空敷设方式，架空管道公称直径不应大于 DN50mm。

（2）架空管线采用镀锌钢管，连接方式采取焊接连接和螺纹连接相结合的方式。一般 DN20mm 及以上管道采用焊接连接，DN15mm 采用螺纹连接。安装示例见图 4-4。

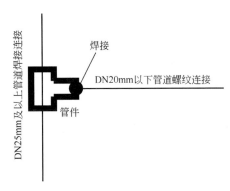

图 4-4　钢管螺纹连接、焊接连接分界示意图

（3）架空管道与墙面净距离为 0.07～0.2m，中压管道与建筑物门、窗洞口的净距不应小于 0.5m，低压管道与建筑物门、窗洞口的净距不应小于 0.3m。架空燃气管线距人行道路路面垂直间距至少 2.2m，沿建筑物外墙敷设燃气管道严禁影响建筑物门、窗向外开启。

（4）架空管道与道路、其他管线交叉时的垂直净距见表 4-3。

表 4-3　架空燃气管道与道路、其他管线交叉时的垂直净距（m）

建筑物和管道名称		最小垂直净距	
		燃气管道下	燃气管道上
人行道路路面		2.2	—
架空电力线	电压为 3kV 以下	—	1.5
	电压为 3～10kV	—	3.0
	电压为 35～66kV	—	4.0

续表

建筑物和管道名称		最小垂直净距	
		燃气管道下	燃气管道上
其他管道	管径≤300mm	与管道管径相同，但不小于0.10	与管道管径相同，但不小于0.10
	管径＞300mm	0.30	0.30

（5）管道分支时，管道应从顶部接出，利用管道自然折角作为补偿，如图4-5所示。

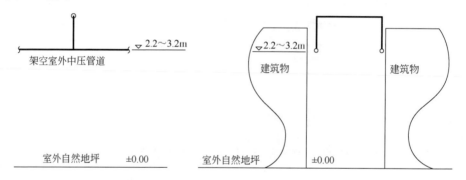

图4-5　架空燃气管道分支处安装示意图

（6）架空管道部分安装详图。

① 立管安装位置见图4-6。

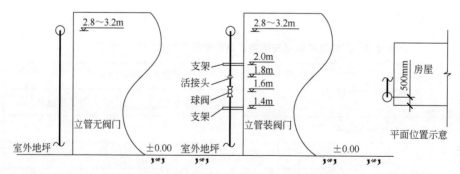

图4-6　架空燃气管道立管安装示意图

② 墙角处管道安装示意图见图4-7、图4-8。

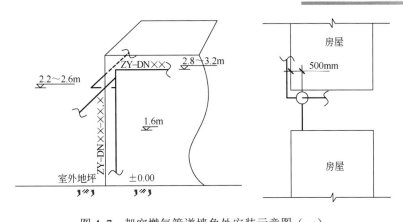

图 4-7 架空燃气管道墙角处安装示意图（一）

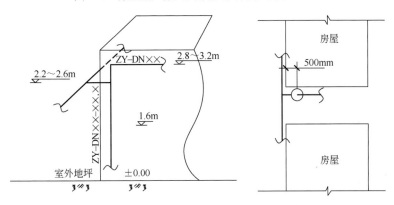

图 4-8 架空燃气管道墙角处安装示意图（二）

（7）管道出地面处距离路口较近时，防止管道被车辆碰撞，加设防撞保护，保护形式见图 4-9 和图 4-10，根据现场位置选用。

图 4-9 架空燃气管道防撞保护安装示意图（一）

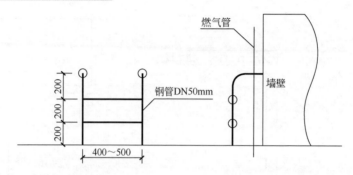

图 4-10　架空燃气管道防撞保护安装示意图（二）

（8）管道跨越村内主街道或主要车行道路时，管道架高不应小于 5m。跨度大于 8m 时，需要在道路两侧设置支架，如图 4-11 所示。小口径管道跨度较大时，建议放大跨越管管径，以满足管道支架间距的要求。

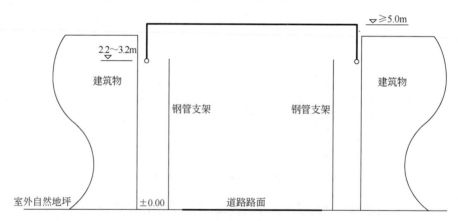

图 4-11　架空燃气管道过路处安装示意图

三、支架

（一）墙上支架

（1）村庄燃气支线架空敷设时应设置支架。

（2）村内建筑物、围墙为砖墙时，水平管或立管支架可设置于砖墙上。

（3）埋地管道经钢塑过渡出地面后，立管支架应安装在球阀下方，距离球阀不小于 0.2～0.3m。

（4）为了保证管道安装稳定，并考虑农村建筑围墙的承重能力，墙上钢管支架最大间距不应超过表 4-4 的要求。

表 4-4　墙上钢管支架最大间距

公称直径（mm）	DN20	DN25	DN32	DN40	DN50
最大间距（m）	3.0	3.5	4.0	4.5	5.0

（5）当水平管道上设有阀门时，应在阀门的来气侧 1.0m 范围内设支架并尽量靠近阀门。

（6）焊接连接的水平管道转弯处，在距离转弯处 1.0m 范围内设置支架。

（7）螺纹连接的管道在弯头、三通、活接头、管箍、异径管等管件附近 150mm 处要设置支架，严禁将支架设在管件上。

（8）墙上 L 形支架安装示意见图 4-12。

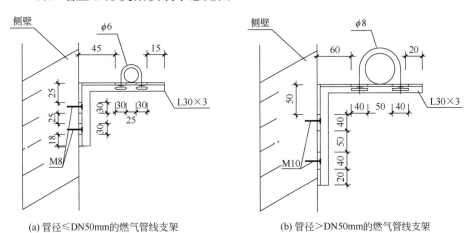

(a) 管径≤DN50mm的燃气管线支架　　　　　(b) 管径＞DN50mm的燃气管线支架

图 4-12　燃气管线室外支架（L 形支架）

（二）落地支架

村庄燃气管线敷设位置在如下几种情况下需要设置落地支架：

（1）架空管线敷设在未建的宅基地附近，无建筑物或围墙时。

（2）架空管线敷设位置建筑物或围墙为土墙、废弃的房屋时。

（3）架空管线跨越道路或胡同，管道自身强度无法满足跨距要求时。

（4）架空管线跨越村内小型排水沟渠或其他障碍物时。

（5）管道钢管支架最大间距见表4-5。

表4-5　落地钢管支架最大间距

公称直径（mm）	DN20	DN25	DN32	DN40	DN50	DN65	DN80
最大间距（m）	3	5	6	6	7	8	9

第三节　室内管道布置

室内管道主要以架空敷设为主，布置需满足《城镇燃气设计规范》（GB 50028—2006）和《城镇燃气室内工程施工与质量验收规范》（CJJ 94—2009）的相关要求。

室内管道安装要求如下：

（1）不得敷设在卧室、卫生间、易燃或易爆品的仓库、有腐蚀性介质的房间、配电间、电缆沟、烟道等地方。

（2）户内燃气管道与装饰后墙面的净距应为3～5cm；户外燃气管道与装饰后墙面的净距应为7～10cm。

（3）室内燃气管道与电气设备、相邻管道及设备平行或交叉敷设时，其最小净距应符合表4-6的要求。

表4-6　室内燃气管道与电气设备、相邻管道及设备平行或交叉敷设最小净距（cm）

名称		平行敷设	交叉敷设
电气设备	明装的绝缘电线或电缆	25	10
	暗装或管内绝缘电线	5（从所做的槽或管子的边缘算起）	1
	电插座、电源开关	15	不允许
	电压小于1000V的裸露电线	100	100
	配电盘、配电箱或电表	30	不允许
相邻管道		应保证燃气管道、相邻管道的安装、检查和维修空间（其中，与户内水管道不应小于10cm）	2
燃具		主立管与燃具水平净距不应小于30cm；灶前管与燃具水平净距不得小于20cm；当燃气管道在燃具上方通过时，应位于抽油烟机上方，且与燃具的垂直净距应大于100cm	

（4）管道安装应横平竖直，穿墙部分应加装钢制套管，套管规格应符合表 4-7 的要求。

表 4-7　穿墙套管规格

燃气管（mm）	DN15	DN20	DN25	DN32	DN40	DN50	DN65	DN80	DN100	DN150
套管（mm）	DN32	DN40	DN50	DN65	DN65	DN80	DN100	DN125	DN150	DN200

（5）村用燃气用户应在灶具端安装自闭阀；壁挂炉未安装的，用管帽对燃气管道预留接口进行封堵，以防止发生燃气泄漏。

（6）管道安装时应在管段的适当位置设置管卡，管道转弯处、三通处、变径处、活节处均应加设管卡。其要求应符合 CJJ 94—2009《城镇燃气室内工程施工与质量验收规范》的相关规定。

（7）燃具应为天然气专用燃具，通气后用气房间内不得再使用其他燃料（煤、柴火）。

（8）厨房为暗厨房（没有直通室外的门或窗）、开敞式厨房（厨房与客厅为同一房间），可由设计人员出具安装方案。

第五章 管道安装

第一节 土方工程

管道管沟土方开挖、管道下沟、警示带示踪线敷设和管沟回填等需满足《城镇燃气输配工程施工及验收规范》（CJJ 33—2005）的相关要求。

一、土方开挖

（1）土方施工前，建设单位应组织有关单位向施工单位进行现场交桩。

（2）施工单位应会同建设等有关单位，核对管线路由、相关地下管线以及构筑物的资料，必要时局部开挖核实。

（3）施工前，建设单位应对施工区域内有碍施工的已有地上、地下障碍物，与有关单位协商处理完毕。

（4）在地下水位较高的地区或雨季施工时，应采取降低水位或排水措施，及时清除沟内积水。

（5）混凝土路面和沥青路面的开挖应使用切割机切割。

（6）土方开挖应采用人工或人机结合方式。

（7）管沟宽度按照以下标准进行开挖：

① 对于深度超过 1.5m 的管沟开挖应按图 5-1 所示进行放坡处理。

$$b=a+2nh \tag{5-1}$$

式中　b——沟槽上口宽度，m；

　　　a——沟槽底宽度，m；

　　　n——沟槽边坡率（边坡的水平投影与垂直投影的比值）；

　　　h——沟槽深度，m。

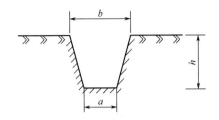

图 5-1　管沟开挖放坡处理

② 对于深度不超过 1.5m 的管沟应按照以下方式进行开挖：

（a）DN≤200mm，管沟宽度最大为 600mm。

（b）DN＞200mm，管沟宽度最大为 DN+600mm。

③ 对于双管同沟敷设方式，管沟宽度为：

$$a=D_1+D_2+S \tag{5-2}$$

式中　a——沟底宽度，m；

　　　D_1——第一条管道外径，m；

　　　D_2——第二条管道外径，m；

　　　S——两管道之间的设计净距，其中设计净距不应小于 0.3m。

（8）沟底遇有废弃构筑物、硬石、木头、垃圾等杂物时应清除，然后铺一层厚度不小于 0.15m 的砂土或素土，并整平压实至设计标高。

（9）管道最小覆土厚度（管顶至自然路面，且不小于地区冻土厚度）如下：

① 村街低压管道最小覆土厚度不得小于 0.6m，重型车辆通过、过路部分不得小于 1.2m。

② 中压管道最小覆土厚度不得小于 1.2m。

二、管道下沟

（1）管道下沟应采用沟底布管焊接或人工手抬下沟，严禁采用金属材料直接捆扎和吊运管道，并应防止管道划伤、扭曲或承受过大的拉伸和弯曲应力。

（2）严禁采用人工或车辆强行托管方式进行管道下沟。

（3）管道在地下水位较高的地区或雨季施工时，应采取降低水位或排水措施，及时清除沟内积水，管道在漂浮状态下严禁回填。

三、警示带、示踪线敷设

（1）管道敷设时，应随管道走向连续埋设警示带或其他标识。

（2）警示带敷设前应对敷设面压实，并平整地敷设在管道的正上方，距管顶的距离宜为 0.3～0.5m，但不得敷设于路基和路面里。

（3）警示带宜采用不易分解的黄色聚乙烯材料，并印有明显、牢固的警示语。

（4）在聚乙烯燃气管道直埋工程施工中宜采用截面积为 2.5mm^2 塑铜线（BV 铜芯聚氯乙烯绝缘电线）为示踪线，外有绝缘良好的保护层。

（5）示踪线敷设时尽量让示踪线保持在管道的顶部位置，在三通等分支处应将导线接头的绝缘层剥掉，把铜芯绞在一起数圈，然后用绝缘胶布裹好接头，以保持良好的导电性。

（6）示踪线连续敷设原则上不超过 300m 宜设一处检测位置（如设置在阀门井内），在检测位置处示踪线应该保持连续并预留出 1~2m，以备今后探测施加信号所用；施工中必须中断的示踪线末端用绝缘胶带缠紧包好，以备今后进行连接。

（7）在进行 PE 管非开挖穿越施工时，为防止示踪线拖断，宜采用 BV4.0 mm^2 铜线双条敷设，并每隔 2m 用绝缘橡胶胶布缠绕进行固定。

（8）管道敷设完成后，应使用管道探测器对已敷设的可探示踪线进行可探性测试，以确保金属丝已连接妥当，应记录测试结果。将示踪线的金属线与管道定位仪的发射机输入端连接，而发射机接地端应尽可能远离发射机，使用接地桩或者电线杆接地，以减少接地电阻。用接收器去探测接收发射信号可以找到管道位移量和埋深。

四、管沟回填

（1）管道主体在 GIS 测绘、压力试验全部完成后，沟槽应及时回填。回填前，必须将槽底施工遗留的杂物清除干净。

（2）不应用冻土、垃圾、木材及软性物质回填。

（3）管道两侧及管顶以上 0.5m 内的回填土，不得含有碎石、砖块等杂物，且不得用灰土回填。距管顶 0.5m 以上的回填土中的石块不得多于 10%，直径不得大于 0.1m，且均匀分布。

（4）沟槽回填时，应先回填管底局部悬空部位，然后回填管道两侧。回填土应分层压实，每层虚铺厚度为 0.2~0.3m，管道两侧及管顶以上 0.5m 内的回填土必须采用人工压实，管顶 0.5m 以上的回填土可采用小型机械压实，每层虚铺厚度宜为 0.25~0.4m。

（5）对于沥青路面和混凝土路面的恢复，回填路面的基础和修复路面材料的性能不应低于原基础和路面材料。

第二节　钢管安装

钢管采用焊接连接，需满足《现场设备、工业管道焊接工程施工规范》（GB 50236—2011）和《城镇燃气输配工程施工及验收规范》（CJJ 33—2005）的相关要求。

管道焊接要求如下：

（1）公称直径≥DN50mm 的管道采用氩弧焊打底，手工焊盖面；公称直径＜DN50mm 的管道采用两遍氩弧焊焊接。

（2）采用氩弧焊焊接时，当瓶装氩气压力低于 0.5MPa 时，应停止使用。

（3）当出现雨雪天气、大气相对湿度大于90%、风力大于5级（含5级）风（仅适用于 J422 等酸性焊条）等任一情况时，焊接工作应当停止。

（4）焊接时，禁止在母材上直接引弧焊接，同一焊缝返修次数不宜超过两次。钢制管件严禁直接对焊。

（5）焊接过程中不得进行强行组对，在焊缝对接组对时，内壁错边量不应超过连接母材厚度的10%，且不应大于2mm。氩弧焊时，焊口组对间隙宜为 2~4mm。

（6）不应在管道焊缝上开孔，管道开孔边缘与管道焊缝的间距不应小于 100mm。钢制管道环焊缝间距不应小于管道的公称直径，且不得小于150mm。焊缝余高不应高于 3mm 且不应低于母材。

（7）管道焊接前应进行坡口处理，焊接前管子与管件的坡口及其内、外表面应清理干净。

（8）当采用机械开孔（管道直接开孔）时，主管道外径应大于 2 倍的支管道外径。

（9）管道焊接操作人员应持证上岗，当连续 6 个月以上未从事焊接作业时，应重新进行技能评定考试，合格后方可上岗。

第三节　PE 管安装

PE 管采用热熔和电熔进行焊接。焊接需满足《城镇燃气输配工程施工及验收规范》（CJJ 33—2005）和《聚乙烯燃气管道工程技术规程》（CJJ 63—2008）的相关要求。

一、PE 管道焊接

（1）管道焊接前应对管材、管件及管道附属设备按设计要求进行核对，并应在施工现场进行外观检查,管材表面伤痕深度不应超过管材壁厚的 10%，符合要求方准使用。

（2）管道连接应在环境温度–5～45℃范围内进行。当环境温度低于–5℃或在风力大于 5 级（含 5 级）的天气条件下施工时，应采取防风、保温等措施，并调整连接工艺。管道连接过程中，应避免强烈阳光直射而影响焊接温度。

（3）连接完成后的接头应自然冷却，冷却过程中不得移动接头、拆卸加紧工具或对接头施加外力。严禁强制冷却。聚乙烯燃气管道利用柔性自然弯曲改变走向时，其弯曲半径不应小于 25 倍的管材外径。

（4）不同级别、熔体质量流动速率差值不小于 0.5g/10min（190℃，5kg）的聚乙烯原料制造的管材、管件和管道附件，以及焊接端部标准尺寸比（SDR）不同的聚乙烯燃气管道连接时，必须采用电熔连接。

（5）管道外径大于 90mm 的管道应采用热熔焊接；管道外径不大于 90mm 的管道应采用电熔焊接。PE 管件严禁直接对焊；PE 阀门两端需热熔焊接长度不小于 1m 的短节后，方可进行电熔焊接。

（6）热熔焊接工艺如图 5-2 所示，焊接参数应符合表 5-1 和表 5-2 的规定。

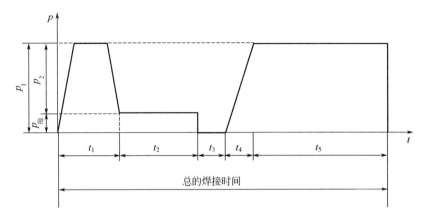

图 5-2　热熔对焊焊接工艺

p_1—总焊接压力（表压，MPa），$p_1=p_2+p_{拖}$；p_2—焊接规定的压力（表压，MPa）；

$p_{拖}$—拖动压力（表压，MPa）；t_1—卷边达到规定高度的时间（s）；t_2—焊接

所需要的吸热时间（s），t_2=管材壁厚×10；t_3—切换所规定的时间（s）；

t_4—调整压力到 p_1 所规定的时间（s）；t_5—冷却时间（min）

表 5-1　SDR11 管材热熔对接焊接参数

公称 直径 DN （mm）	管材 壁厚 e （mm）	p_2 （MPa）	压力=p_1， 凸起高度 h（mm）	压力≈$p_{拖}$， 吸热时间 t_2（s）	切换 时间 t_3（s）	增压 时间 t_4（s）	压力=p_1， 冷却时间 t_5（s）
90	8.2	315/S_2	1.5	82	≤6	＜7	≥11
110	10.0	471/S_2	1.5	100	≤6	＜7	≥14
160	14.5	996/S_2	2.0	145	≤8	＜9	≥19
200	18.2	1557/S_2	2.0	182	≤8	＜11	≥23
250	22.7	2433/S_2	2.5	227	≤10	＜13	≥28
315	28.6	3862/S_2	3.0	286	≤12	＜15	≥35
355	32.3	4903/S_2	3.0	323	≤12	＜17	≥39

注：（1）以上参数基于环境温度为 20℃。

（2）热板表面温度：PE80 为(210±10)℃，PE100 为(225±10)℃。

（3）S_2 为焊机液压缸中活塞的总有效面积（mm²），由焊机生产厂家提供。

表 5-2　SDR17.6 管材热熔对接焊接参数

公称直径 DN（mm）	管材壁厚 e（mm）	p_2（MPa）	压力=p_1，凸起高度 h（mm）	压力≈$p_拖$，吸热时间 t_2（s）	切换时间 t_3（s）	增压时间 t_4（s）	压力=p_1，冷却时间 t_5（s）
110	6.3	$305/S_2$	1.0	63	≤5	<6	9
125	7.1	$394/S_2$	1.5	71	≤6	<6	10
140	8.0	$495/S_2$	1.5	80	≤6	<6	11
160	9.1	$646/S_2$	1.5	91	≤6	<7	13
180	10.2	$818/S_2$	1.5	102	≤6	<7	14
200	11.4	$1010/S_2$	1.5	114	≤6	<8	15
225	12.8	$1278/S_2$	2.0	128	≤8	<8	17
250	14.2	$1578/S_2$	2.0	142	≤8	<9	19
280	15.9	$1979/S_2$	2.0	159	≤8	<10	20
315	17.9	$2505/S_2$	2.0	179	≤8	<11	23
355	20.2	$3181/S_2$	2.5	202	≤10	<12	25
400	22.7	$4039/S_2$	2.5	227	≤10	<13	28
450	25.6	$5111/S_2$	2.5	256	≤10	<14	32
500	28.4	$6310/S_2$	3.0	284	≤12	<15	35
560	31.8	$7916/S_2$	3.0	318	≤12	<17	39
630	35.8	$10018/S_2$	3.0	358	≤12	<18	44

注：（1）以上参数基于环境温度为 20℃。

（2）热板表面温度：PE80 为（210±10）℃，PE100 为（225±10）℃。

（3）S_2 为焊机液压缸中活塞的总有效面积（mm^2），由焊机生产厂家提供。

（7）电熔焊接应将聚乙烯管材或管件的连接部位擦拭干净，并铣削连接件端面，使其与轴线垂直。切屑平均厚度不宜超过 0.2mm，切削后的熔接面应防止污染。电熔吸热及冷却时间严格按照管件标注时间进行。

（8）热熔焊接严禁使用手摇焊机，应选用半自动或全自动液压焊机。电熔焊机应定期校准和检定，周期不宜超过 1 年，且外壳防护等级不低于 IP54；焊机输出电压需始终稳定在额定电压±0.5V 的范围内且应具有欠压、过压、欠流、过流等自我保护功能。

（9）所有热熔焊接及电熔焊接操作人员均应持证上岗。所有管道在施工完成后应进行临时封堵，防止雨水、杂物等进入管道。

二、钢塑过渡施工

（1）钢塑过渡安装位置应在用气点勘查后，按最短距离择优安装。

（2）钢塑过渡严禁竖向使用；钢塑过渡钢管端在焊接过程中应采取用湿毛巾包裹过渡段等降温措施。

（3）对于壁厚大于 6mm 钢塑过渡不应进行电熔连接，不应与管件直接对焊，热熔操作时应水平焊接，严禁受应力安装；对于 DN≤63mm 或壁厚小于 6mm 的管道元件不允许使用热熔焊接，当使用电熔连接时，电熔管件承插度请遵循管件安装使用说明书，电熔应水平焊接，严禁受应力安装。

（4）钢塑过渡钢管端应焊接无缝钢管，出地面后应使用直缝钢管。严禁钢塑过渡钢管端直接套丝安装。钢塑过渡上方引入球阀高度宜为 1.5～1.6m。

（5）钢塑过渡下方的回填土应分层夯实，避免因回填土下沉造成各部件损伤。

（6）钢塑过渡出土处应加装钢制套管，套管内填充柔性、防水材料，并加以封堵。套管加装规格遵循表 5-3 的要求。

表 5-3　钢塑过渡加装钢制套管规格

燃气管（mm）	DN15	DN20	DN25	DN32	DN40	DN50	DN65	DN80
套管（mm）	DN32	DN40	DN50	DN65	DN65	DN80	DN100	DN125

三、钢塑过渡防腐

（1）钢塑过渡预制完成后应对焊口进行15%射线检测，检测合格后方可进行防腐处理。

（2）埋地部分防腐应采用环氧煤沥青冷缠带，在被防腐部位表面无杂质情况下按照三油两布方式进行防腐处理。防腐应附着牢固，不得有剥落、皱纹、针孔等缺陷。遇雨、雪、雾、5级（含5级）以上大风等不利气候条件，应停止露天施工，未固化的防腐层应防止雨水浸淋。

（3）防腐部位应完全覆盖钢塑过渡钢管与PE管转换部位；防腐应完全出地面，且不应低于地面5cm。

（4）应对地面以上焊口部位进行防腐除锈处理，除锈等级不应低于St3级，除锈完成后，涂刷两遍红丹防锈漆（色号R05）和两遍醇酸磁漆面漆（色号Y07）。

（5）采用环氧煤沥青冷缠带防腐的，应在防腐自然干燥后或采取在防腐外表面包裹塑料布等措施后方可进行安装。

第四节　管道支架制作与安装

为方便燃气管道在农村安装，可采用三角支架沿外墙敷设，也可采用立柱支架避让道路、危墙或无固定墙壁等。

一、支架制作

（1）燃气管道沿外墙敷设时，应采用三角支架，三角支架由公司采购部统一采购。需架设立柱时，柱身可选用焊接钢管或H型钢，但应与燃气管道进行有效区分，避免混淆。架空高度不得影响车辆的正常通行，且应避免被碰撞。

（2）严禁采用成品无缝钢管替代立柱。

二、支架安装

（1）支架用两套10mm×100mm膨胀螺栓固定于墙壁上，支架安装后应与管道紧密贴合，不应采用添加木块等方式弥补支架高度过低的缺陷。

（2）当在村街内通过危墙或周围无固定墙壁时，采用立柱形式固定安装。立柱高度不应低于 4.5m，便于车辆通行。

（3）钢管支架最大间距参照表 5-4。

表 5-4 钢管支架最大间距表

公称直径（mm）	DN15	DN20	DN25	DN32	DN40	DN50	DN65	DN80	DN100	DN150
最大间距（m）	2.5	3	3.5	4	4.5	5	6	6.5	7	10

第六章　设备安装

第一节　调压装置

调压设备安装前需对调压设备进行验货，安装时，需满足《城镇燃气设计规范》（GB 50028—2006）的相关安装要求。

一、调压柜（箱）验货

（1）施工应前对调压柜（箱）应进行外观检查，确认调压柜（箱）型号、压力等级、进出口管径。

（2）箱体内应检查调压柜（箱）设备是否有表面损坏，阀门扳手及放散管等是否齐全。

二、安装条件

（1）当安装在用气建筑物的外墙上时，调压柜（箱）进出口管径不宜大于 DN50mm。

（2）当调压箱悬挂于墙面上，箱底距离地面高度为 1.0～1.2m；当安装单独设立基础的调压柜（箱）时，柜底距地坪高度为 0.3m。调压柜（箱）严禁安装在高压线等动力线下方；调压柜防静电接地不应少于两点，当实测值达不到标准时，应采取降阻措施；调压柜应做防雷接地。

（3）调压箱到建筑物的门、窗或其他通向室内的孔槽的水平净距应符合下列规定：

① 当调压箱进口燃气压力不大于 0.4MPa 时，不应小于 1.5m。

② 调压箱不应安装在建筑物的窗下和阳台下的墙上。

③ 不应安装在室内通风机进风口墙上。

④ 安装调压箱的墙体应为永久性的实体墙，其建筑物耐火等级不应低于二级。调压箱上应有自然通风口，尽量远离柴垛、煤堆。

（4）调压柜（箱）禁止与管道一起进行管道的吹扫、试压。

（5）调压柜与其他建筑物、构筑物的水平净距应符合表 6-1 的规定（仅适用于中压 A，即 $0.2MPa \leqslant p \leqslant 0.4MPa$）：

表 6-1　调压柜与其他建筑物、构筑物的水平净距（m）

建筑物外墙面	重要公共建筑、一类高层民用建筑	铁路（中心线）	城镇道路	公共电力变配电柜
4	8	8	1	4

三、调压柜（箱）安装

（1）注意进出口方向应与管线流向一致。安装前应保证上游管道内的清洁度，防止管道内的杂质进入调压箱管道内。

（2）调压柜（箱）安装位置应便于安装、操作及维修且避免人员碰撞，调压箱箱体与墙面连接采用膨胀螺钉，应保证调压箱的牢固。

（3）调压箱与管道连接时，需将配对的调压箱用螺栓拧紧后配管点焊，然后取下调压箱进行焊接，保证调压箱内部元件处于非受力状态，严禁强行安装，以免导致调压箱内部零件损坏，发生漏气（图 6-1）。

（4）调压柜四周应设置护栏，调压柜的安全放散管管口距地面的高度不应小于 4m。

四、基础及护栏安装

（1）对于进出口口径 ≥DN80mm 的调压箱应使用槽钢或角钢制作箱体支墩，支墩高度不应小于 0.3m。

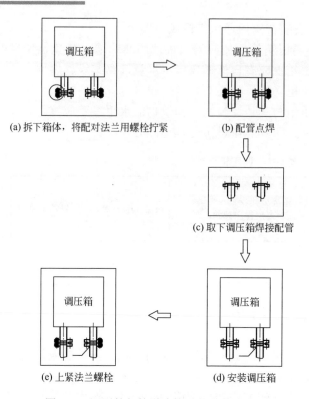

(a) 拆下箱体，将配对法兰用螺栓拧紧　　　(b) 配管点焊

(c) 取下调压箱焊接配管

(e) 上紧法兰螺栓　　　　　　(d) 安装调压箱

图 6-1　调压箱与管道连接时的安装流程

（2）调压柜基础开槽完毕后对地面土层进行夯实，可采用混凝土浇筑或砖砌两种方式。砖砌基础采用三七墙方式砌筑。

（3）调压柜放置在基础上后，地面以上外露部分用水泥砂浆罩面，内部完全抹灰，与基础接触部位用水泥砂浆勾缝。

（4）基础内管道四周采用素土或细砂回填至与基础同等高度。

（5）设置燃气调压柜护栏以规范燃气调压柜的安装工艺、样式及间距。

（6）调压柜护栏安装完成后外形粉刷以黄色为主。在沿街、路安装的调压柜应加设防撞柱，防撞柱宜采用 ϕ57mm 无缝钢管制作，其高度不小于 0.5m，与调压柜护栏间距不小于 0.5m，防撞柱间隔不大于 1m，且涂刷黑黄色警示标识。

第二节　计量装置

计量燃气表一般在室内安装，安装过程需遵循《城镇燃气室内工程施工与质量验收规范》（CJJ 94—2009）的相关要求。

一、燃气表安装规定

（1）燃气表安装后横平竖直，不得倾斜。

（2）安装使用专用表连接件。

（3）燃气表加有效的固定支架。

（4）安装房间能自然通风。

二、燃气表施工

（1）燃气表表底距成型地面 1.7～1.8m，禁止逆流安装，燃气表外应加装燃气表箱，使燃气表防水、防尘。

（2）燃气表在安装完成后，进气方向应加装表封。

（3）燃气表在施工过程中禁止对壳体、液晶屏、进出气口进行破坏，确保安装完成后正常使用。

（4）燃气表安装应横平竖直，不得倾斜，表后距墙面不应小于 3cm。

（5）燃气表与燃具、电气设施的最小水平间距如表 6-2 所示。

表 6-2　燃气表与燃具、电气设施的最小水平间距要求

名称	与燃气表的最小水平间距（cm）
电源插座、电源开关	20
热水器	30
灶具	30
配电盘、配电箱	50

第三节 阀 门

对于村用燃气工程，宜每百户设置一处截断阀门。PE 阀门井应选用圆形砌筑井，钢制阀门井应选用方形砌筑井。阀门安装需满足《城镇燃气输配工程施工及验收规范》（CJJ 33—2005）的相关要求。

一、阀门井砌筑

（1）PE 阀门井井壁厚度应达到 24cm，内外井壁均抹灰，内部以细砂回填。

（2）天津区域钢制阀门井应采用混凝土浇筑，河北区域钢制阀门井应采用砖砌形式进行安装，井壁厚度应达到 37cm，内外井壁均抹灰。

（3）DN200mm 以上的钢制阀门在砌筑阀门井前应设置支墩。

（4）对于钢制阀门井井深大于 1.5m 时，应在上人孔正下方的墙体上设置爬梯，爬梯尺寸应便于日常使用。

（5）钢制阀门井砌筑以满足 3 人以上同时在井内施工为宜。

（6）阀门井施工完成后将阀门井内部及四周杂物清理干净，阀门井四周回填土应分层回填夯实，较四周地面应高出 30cm。

二、阀门的安装

（1）安装前应检查阀芯的开启度和灵活度，并根据需要对阀体进行清洗、上油。

（2）安装有方向性要求的阀门时，阀体上的箭头方向应与燃气流向一致。

（3）法兰或螺纹连接的阀门应在关闭状态下安装，焊接阀门应在打开状态下安装。焊接阀门与管道连接焊缝宜采用氩弧焊打底。

（4）安装时，吊装绳索应拴在阀体上，严禁拴在手轮、阀杆或转动机构上。

（5）阀门安装时，与阀门连接的法兰应保持平行，其偏差不应大于法兰外径的 1.5‰，且不得大于 2mm。严禁强力组装，安装过程中应保证受力均匀，阀门下部应根据设计要求设置承重支撑。

（6）法兰连接时，应使用同一规格的螺栓，并符合设计要求。紧固螺栓时应对称均匀用力，松紧适度，螺栓紧固后螺栓与螺母宜齐平，但不得低于螺母。

（7）在阀门井内安装阀门和补偿器时，阀门应与补偿器先组对好，然后与管道上的法兰组对，将螺栓与组对法兰紧固好后，方可进行管道与法兰的焊接。

（8）对于直埋的阀门，应按设计要求做好阀体、法兰、紧固件及焊口的防腐。

（9）安全阀应垂直安装，在安装前必须经法定检验部门检验并铅封。

第四节　灶　具

灶具在室内厨房内安装，安装时应遵循《家用燃气燃烧器具安装及验收规程》（CJJ 12—2013）和《城镇燃气室内工程施工与质量验收规范》（CJJ 94—2009）的相关要求。

一、灶具安装条件

（1）灶具应安装在通风良好、有给排气条件的厨房内。设置灶具的厨房应设门并与卧室、起居室等隔开。

（2）房间净高不应低于 2.2m。

二、灶具施工

（1）灶具与墙面的净距不应小于 10cm；灶具的灶面边缘距木质门、窗、家具的水平净距不得小于 20cm。

（2）灶具的灶面边缘距金属燃气管道的水平净距不应小于 30cm，距不锈钢波纹软管（含其他覆塑的金属管）和铝塑复合管的水平净距不应小于 50cm。

（3）放置灶具的灶台应采用不燃材料；当采用难燃材料时，应设防火隔热板。与燃具相邻的墙面应采用不燃材料，当为可燃或难燃材料时，应设防火隔热板。

（4）台式燃气灶的灶台高度宜为 70cm，嵌入式燃气灶的灶台高度宜为 80cm。

（5）当金属软管采用插入式连接时，应有可靠的防脱落措施，其长度不应超过 2m，并不得有接头，不得穿墙。

（6）燃具与电气设备、相邻管道之间的最小水平净距应符合表 6-3 的要求。

表 6-3　燃具与电气设备、相邻管道之间的最小水平净距（cm）

名称	与燃气灶具的水平净距	与燃气热水器的水平净距
明装的绝缘电线或电缆	30	30
暗装或管内绝缘电线	20	20
电插座、电源开关	30	15
电压小于 1000V 的裸露电线	100	100
配电盘、配电箱或电表	100	100

第五节　燃气采暖壁挂炉

燃气采暖壁挂炉需在特定建筑物内方可安装使用，安装使用应严格遵循《家用燃气燃烧器具安装及验收规程》（CJJ 12—2013）和《城镇燃气室内工程施工与质量验收规范》（CJJ 94—2009）的相关要求。

一、壁挂炉安装条件

（1）建筑物的下列房间可安装采暖壁挂炉：

① 厨房、走廊、阳台。

② 专用房间。

（2）安装采暖壁挂炉的房间高度不低于 2.2m。

（3）建筑物的下列房间和部位不得安装采暖壁挂炉：

① 卧室、起居室和浴室等生活房间。

② 楼梯和安全出口附近（5m 以外不受限制）。

③ 易燃、易爆物的堆放处。

④ 电线、电缆设备处。

⑤ 临时搭建的、无保温措施的彩钢房等。

（4）炉体应安装在耐火并能承受炉体重量的墙壁或地面上，炉体的安装应牢固，并保持竖直，不得倾斜。

（5）炉体与其他燃具安装在同一房间内，炉体与其他燃具的水平净距不得小于 300mm。

（6）炉体周边应留有必要的操作和维修空间，并应满足产品说明书的规定；安装壁挂炉的房间内应有可靠接地电源。

（7）炉体设置部位应便于给排气管道、采暖供回水管道和生活冷热水管道的连接；炉体安装场所的地面最低点宜设地漏（图 6-2）。

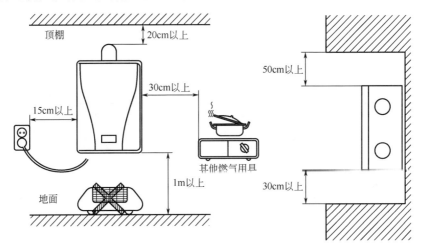

图 6-2 燃气采暖壁挂炉安装示例

二、壁挂炉排气管施工

（1）排气管和给排气管的吸气/排气口应直接与大气相通。

（2）强制排气的排气管和给排气管的同轴管水平穿过外墙排放时，坡度向外墙，坡度应大于 0.3%，其外部管段的有效长度不应小于 50mm；所有排气管在安装完成后均应加装密封圈。

（3）燃气采暖壁挂炉和给排气管连接时应保证良好的气密性，搭接长度不应小于 30mm。

（4）穿外墙的烟道终端排气出口与电线、电缆的安全距离宜符合表 6-4 的要求。穿外墙的烟道终端排气出口距门窗洞口最小净距宜符合表 6-5 的要求。

表 6-4　穿外墙的烟道终端排气出口与电线、电缆的安全距离

名称	最小水平净距
相邻管道、燃气管道	便于安装、检查及维修
电压小于 1000V 的裸露电线	100cm
配电盘、配电箱或电表	50cm

表 6-5　烟道终端排气出口距门窗洞口最小净距（m）

门窗洞口位置	密闭式燃具	半密闭式燃具
非居住房间	0.3	0.3
居住房间	1.2	1.2
下部机械进风口	0.9	0.9

（5）同轴烟管安装方法如下：

① 连接炉子的配管高度小于 700mm。

② 排气末端到墙的距离：不燃性 300mm 以上，可燃性 600mm 以上。

③ 排气口周边 600mm 范围内不能有窗口等洞口，防止进入废气。

④ 吸排气管要向外向下倾斜（防止雨水、冷凝水等流入炉子内）。

⑤ 吸排气出墙的洞口应密封处理（防止废气流入室内）。

⑥ 吸排气管出墙洞口应是不燃材料。

⑦ 吸排气管的最大长度宜为 3m（2 弯头）。

⑧ 吸排气管延长设置时，以 1m 为单位进行加固。

⑨ 若采用背出的方式安装排气管，使用一个配套弯头，烟道中心距离炉顶面 150mm。若采用侧出的方式安装排气管，使用一个配套弯头，烟道中心距离炉顶面 150mm，距离墙面 130mm（图 6-3）。

（6）壁挂炉给排气管必须明装。

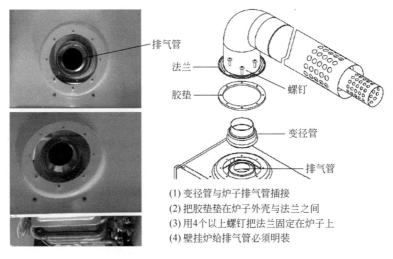

(1) 变径管与炉子排气管插接
(2) 把胶垫垫在炉子外壳与法兰之间
(3) 用4个以上螺钉把法兰固定在炉子上
(4) 壁挂炉给排气管必须明装

图 6-3 壁挂炉排气管

第七章　穿跨越工程

第一节　开挖穿越

在农村区域范围，有大量的河、湖水面，也有部分铁路公路。在农村区域中敷设天然气管道需要大量的穿跨越工程。对于一般障碍物，如农村道路、小河流等，可采用开挖穿越通过，开挖穿越应遵循《城镇燃气管道穿跨越工程技术规程》（CJJ/T 250—2016）的相关要求。

（1）燃气管道穿越道路时，应加设套管。

（2）燃气管道穿越采用的套管宜为钢管或钢筋混凝土管，套管内径应比燃气管道外径大 100mm 以上。

（3）燃气管道穿越铁路、公路、城市道路、河流时，与周围建筑物、构筑物或其他管线的水平和垂直净距应符合现行国家标准《城镇燃气设计规范》（GB 50028—2006）的有关规定。

（4）燃气管道穿越城市道路、河流时，燃气管道或套管的最小覆土厚度应符合现行国家标准《城镇燃气设计规范》（GB 50028—2006）的有关规定。

（5）当燃气管道穿越公路时，燃气管道或套管最小覆土厚度应符合下列规定：

① 距路面不得小于 1.2m。

② 距公路边沟底不得小于 1.0m。

③ 当不能满足以上要求时，应采取有效的防护措施。

（6）燃气管道不得在穿越管段上设置弯头或弯管。

第二节　定向钻穿越

对于通过困难的障碍物，如铁路、高速公路、大型河流等，可采用定向钻穿越方式通过。定向钻穿越工程应遵循《城镇燃气设计规范》（GB 50028—2006）、《城镇燃气输配工程施工及验收规范》（CJJ 33—2005）和《城镇燃气管道穿跨越工程技术规程》（CJJ/T 250—2016）的相关要求。

（1）非开挖定向穿越应在穿越管道吹扫、强度试验、严密性试验完成后才能进行施工。

（2）地下燃气管道不得从建筑物和大型构筑物的下面穿越。

（3）地下燃气管道不得在堆积易燃、易爆材料和具有腐蚀性液体的场地下面穿越。

（4）为保障穿越管道内部不产生倒灌泥浆现象，管道施工单位应在穿越管道末端焊接端帽。穿越单位应处理拖头处严密性，并把控好管道穿越过程中的扭矩问题。

（5）管道穿越施工时，应保证穿越段周围建筑物、构筑物不发生沉陷、位移和破坏。

（6）钢制管道穿越作业时应使用特加强级防腐，且焊口进行 100%射线检测；PE 管道穿越时应使用 PE100 SDR11 材质聚乙烯管道。

第八章　工程质量检查与验收

第一节　焊接质量检查

为确保管道连接质量满足要求，需要对焊接质量进行检查。钢管经外观检查合格后，再进行无损检测。PE管需要进行翻边对称性和接头对称性检验。

一、钢管焊接质量检查

（1）焊缝经外观检查合格后，方可进行无损检测。焊缝外观检查应符合下列规定：

① 焊缝外观成型应均匀一致，焊缝及其热影响区表面上不得有裂纹、未熔合、气孔、夹渣、飞溅、弧坑等缺陷。

② 焊缝表面不应低于母材表面，焊缝余高应在0～3mm范围内，向母材的过渡应平滑。

③ 焊缝表面每侧宽度宜比坡口表面宽1～2mm。

④ 咬边的最大尺寸应符合表8-1的规定。

（a）利用低倍放大镜或肉眼观察焊缝表面是否有咬边、夹渣、气孔、裂纹等表面缺陷。

（b）用焊接检测尺测量焊缝余高、焊瘤、凹陷、错边等。

表8-1　咬边的最大尺寸

深度	长度
不大于0.4mm，不大于管壁厚的6%，取二者中的较小值	任意长度均为合格

续表

深度	长度
大于 0.4mm，不大于 0.8mm；大于管壁厚的 6%，不大于管壁厚的 12.5%；取二者中的较小值	在焊缝任意 300mm 连续长度上不超过 50mm，或焊缝长度的 1/6，取二者中的较小值
大于 0.8mm，大于管壁厚的 12.5%，取二者中的较小值	任意长度均为合格

注：（1）利用低倍放大镜或肉眼观察焊缝表面是否有咬边、夹渣、气孔、裂纹等表面缺陷。

（2）用焊接检测尺测量焊缝余高、焊瘤、凹陷、错边等。

（2）由于检测焊口都在村里进行，检测时机定为管道焊接完成，监理单位外观检查合格后，提前 12h 通知检测单位，重点是在管线没有吊装安装之前进行检测。

（3）射线检测标准为《无损检测　金属管道熔化焊环向对接接头射线照相检测方法》（GB/T 12605—2008），合格级别为Ⅱ级合格，检测比例为所检工程焊口总数的 15%进行抽检。

（4）现场检测需要疏散无关人员。可以在空旷的厂房或空地把所检焊口集中进行检测，检测现场需要电源，要求现场提供 220V 的可靠电源接电。现场所检的焊口需要提前编制好焊口编号。

二、PE 管道焊接质量检查

（1）热熔焊接完成后，应对接头进行 100%的翻边对称性、接头对正性检验。

① 翻边对称性检验。接头应具有沿管材整个圆周平滑对称的翻边，翻边最低处的深度（A）不应低于管材表面（图 8-1）。

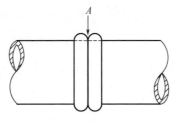

图 8-1　翻边对称性图

② 接头对正性检验。焊缝两侧紧邻翻边的外圆周的任何一处错边量（V）不应超过管材壁厚的 10%（图 8-2）。

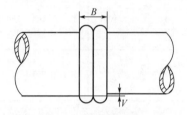

图 8-2　接头对正性

（2）翻边切除检验。使用专用工具，在不损伤管材和接头的情况下，切除外部的焊接翻边（图 8-3）。翻边切除检验应符合下列要求：

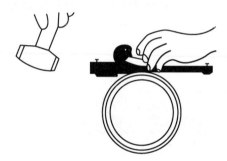

图 8-3　翻边切除示意图

① 翻边应是实心圆滑的，根部较宽（图 8-4）。

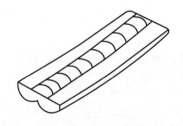

图 8-4　合格实心翻边图

② 翻边下侧不应有杂质、小孔、扭曲和损坏。

③ 每隔 50mm 进行 180° 的背弯试验（图 8-5），不应有开裂、裂缝，接缝处不得露出熔合线。

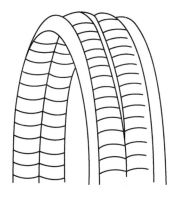

图 8-5　翻边背弯试验

（3）电熔焊接检查。电熔管件端口处的管材或插口管件周边均应有明显刮皮痕迹和明显的插入长度标记。

（4）聚乙烯管道系统，接缝处不应有熔融料溢出。

（5）电熔管件内电阻丝不应挤出（特殊结构设计的电熔管件除外）。

（6）电熔管件上观察孔中应能看到有少量熔融料溢出，但溢料不得呈流淌状。

凡出现与上述要求不符合的情况，应判为不合格。

热熔对接和电熔对接不合格焊接接头图示分别见表 8-2 和表 8-3。

表 8-2　热熔对接不合格焊接接头图示

序号	图示	外观	原因	结论
1		型号大小均一致		合格
2		焊缝高度偏低	焊接压力过小	不合格
3		焊缝错位大于壁厚 10%	PE 对接偏差过大	不合格
4		对卷边不对称	两侧壁厚不同或两侧加热时间、温度不同或切削时有缝隙	不合格
5		焊缝偏窄、偏高、翻卷不足	焊接压力过大	不合格
6		焊缝两侧出现凹凸边	切削不到位	不合格

表 8-3 电熔对接不合格焊接接头图示

序号	图示	外观	原因	结论
1		同一轴线		合格
2		不在同一轴线	焊接两端由于受力或其他原因不在一轴线	不合格

注：电熔焊接过程中，除表 8-3 所示不合格现象外，凡出现套筒喷浆、冒烟现象（即使试压合格），均为不合格，需要将焊接接头割除重新焊接。

第二节 防腐质量检查

对管道进行防腐保护可以提高管道使用寿命，为确保管道防腐层满足要求，需要对钢管的防腐层质量进行检查。检查过程需遵循《城镇燃气埋地钢质管道腐蚀控制技术规程》（CJJ 95—2013）和《城镇燃气输配工程施工及验收规范》（CJJ 33—2005）的相关要求。

一、设备及管道防腐施工要求

（1）城镇燃气埋地钢质管道必须采用防腐层进行外保护。

（2）管道宜采用喷（抛）砂除锈。除锈后的钢管应及时进行防腐，如防腐前钢管出现二次锈蚀，必须重新除锈。

（3）喷砂除锈的除锈等级应符合 GB/T 8923.1—2011《涂覆涂料前钢材表面处理 表面清洁度的目视评定 第 1 部分：未涂覆过的钢材表面和全面清除原有涂层后的钢材表面的锈蚀等级和处理等级》标准中规定的 Sa2.5 级。喷砂处理后，表面粗糙度值应在 40～100μm 之间，钢材表面无可见的油脂和污垢，并且无氧化皮、铁锈和油漆等附着物，任何残留的痕迹应仅是点状或条纹状轻微色斑。

二、喷砂除锈检查要求

（1）外观检查。处理好的基体表面从外观看要色泽一致，没有花斑，无嵌入基体砂粒为合格。

（2）净化检查。用戴着洁白手套的手，压在基体表面上，然后抬起手看手套，应无污染为合格。

（3）对比检查。用施工前准备好的标准片与基体进行目视比较，与标准试片一致为合格。

（4）用仪器检查表面粗糙度，表面粗糙度值必须达到 $40 \sim 100\mu m$。检查时应用粗糙度测定仪检查，用粗糙度测定仪对处理好的基体表面检查时，每 $10m^2$ 选定 5 处，每处选定 5 个点进行测量，5 个点的算术平均值作为该处的表面粗糙度数值。但 5 个点内任何一点的最小读数不小于 $30\mu m$ 为合格。

三、管材及管件防腐前的外观检查和测量要求

（1）钢管弯曲度应小于钢管长度的 0.2%，椭圆度应不大于钢管外径的 0.2%。

（2）焊缝表面应无裂纹、夹渣、重皮、表面气孔等缺陷。

（3）管材表面局部凹凸应小于 2mm。

（4）管材表面应无斑疤、重皮和严重锈蚀等缺陷。

第三节　隐蔽工程质量检查

埋地燃气管道属于隐蔽工程，回填之前需对管道防腐、管线安全间距、标高、管沟整洁、压实密实度以及警示带敷设等情况进行检查，以确保燃气管道敷设质量满足《城镇燃气输配工程施工及验收规范》（CJJ 33—2005）的相关要求。具体检查要求如下：

（1）回填前检查管道防腐、与其他管线安全间距、标高等是否符合规范要求。

（2）管道主体安装检验合格后，沟槽应及时回填，回填前必须将槽底施工遗留的杂物清除干净。回填前应检查管道防腐、标高、与其他管道间距，检查合格后方可回填。

（3）不得采用冻土、垃圾、木材及软性物质回填。管道两侧及管顶以上 0.5m 内的回填土，不得含有碎石、砖块等杂物，且不得采用灰土回填。

（4）回填土应分层压实，每层虚铺厚度宜为 0.2～0.3m，管道两侧及管顶以上 0.5m 内的回填土必须采用人工压实，管顶 0.5m 以上的回填土可采用小型机械压实。

（5）回填土压实后，应分层检查密实度，并做好回填记录。沟槽各部位密实度应符合下列要求：

① Ⅰ、Ⅱ区部位的密实度不应小于 90%。

② Ⅲ区部位的密实度应符合相应地面对密实度的要求（图 8-6）。

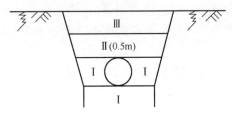

图 8-6　管沟断面图

（6）柏油路面和市政绿化带由专业施工单位进行恢复，混凝土路面、便道砖、草坪等由施工单位恢复原样。恢复完成后 3d 内料净场清。

（7）埋设燃气管道的沿线应连续敷设警示带。警示带敷设前应将敷设面压实，并平整地敷设在管道正上方，距管顶的距离宜为 0.3～0.5m，但不得敷设于路基和路面里。

（8）土方回填注意事项：分层夯实、敷设警示带、敷设 PE 管示踪线。

第四节　强度试验

管道应进行强度试验，检验管道强度是否满足输送燃气要求。强度试验压力为设计压力的 1.5 倍且不得低于 0.1MPa，试验介质采用空气。强度试验应遵循《城镇燃气输配工程施工及验收规范》（CJJ 33—2005）的相关要求。

一、室外管道强度试验

（1）管道强度试验介质应采用空气，试验用压力表应满足表 8-4 的要求。

表 8-4　室外管道强度试验用压力表要求

量程（MPa）	精度等级	最小表盘直径（mm）	最小分格值（MPa）
0～0.1	0.4	150	0.0005
0～1.0	0.4	150	0.005
0～1.6	0.4	150	0.01

（2）强度试验压力和介质应符合表 8-5 的要求。

表 8-5　管道强度试验压力和介质要求

钢管	PN≤0.8MPa		1.5PN 且≮0.4MPa
PE 管	PN（SDR11）	压缩空气	1.5PN 且≮0.4MPa
	PN（SDR17.6）		1.5PN 且≮0.2MPa

（3）进行强度试验时，压力应逐步缓升，首先升至试验压力的 50％，应进行初检，如无泄漏、异常，继续升压至试验压力，然后宜稳压 1h 后（不应小于 30min），观察压力表无压力降为合格。经分段试压合格的管段相互连接的焊缝，经射线照相检验合格后，可不再进行强度试验。

二、室内管道强度试验

（1）引入球阀至燃气表进气口做管道强度试验。管道强度试验介质应采用空气，试验用压力表应满足表 8-6 的要求。

表 8-6　室内管道强度试验用压力表要求

量程（MPa）	精度等级	最小表盘直径（mm）	最小分格值（MPa）
0～0.1	0.4	150	0.0005
0～1.0	0.4	150	0.005

（2）强度试验的压力应为设计压力的 1.5 倍且不得低于 0.1MPa；稳压不少于 0.5h 后，应用发泡剂检查所有接头，无渗漏、压力计量装置无压力降为合格。

（3）燃气采暖壁挂炉、燃气表、灶具、燃气自闭阀等不应参与强度试验。

第五节 严密性试验

为防止管道漏气，需要对管道进行严密性试验，严密性试验稳压持续时间为 24h，试验压力根据管道设计压力确定。严密性试验应遵循《城镇燃气输配工程施工及验收规范》（CJJ 33—2005）的相关要求。

一、室外管道严密性试验

（1）严密性试验应在强度试验合格、管线回填前进行。试验用的压力表应在校验有效期内，其量程应为试验压力的 1.5～2 倍，其精度等级、最小分格值及表盘直径应满足表 8-7 的要求。

表 8-7　试验用压力表选择要求

量程（MPa）	精度等级	最小表盘直径（mm）	最小分格值（MPa）
0～0.1	0.4	150	0.0005
0～1.0	0.4	150	0.005
0～1.6	0.4	150	0.01
0～2.5	0.25	200	0.01
0～4.0	0.25	200	0.01
0～6.0	0.16	250	0.01
0～10	0.16	250	0.02

（2）设计压力小于 5kPa 时，试验压力应为 20kPa。设计压力不小于 5kPa 时，试验压力应为设计压力的 1.15 倍，且不得小于 0.1MPa。

（3）严密性试验稳压的持续时间应为 24h，每小时记录不应少于 1 次，当修正压力降小于 133Pa 为合格。修正压力降应按下式确定：

$$\Delta p' = (H_1 + B_1) - (H_2 + B_2)(273 + t_1)/(273 + t_2) \qquad (8\text{-}1)$$

式中　$\Delta p'$——修正压力降，Pa；

H_1，H_2——试验开始和结束时的压力计读数，Pa；

B_1，B_2——试验开始和结束时的气压计读数，Pa；

t_1，t_2——试验开始和结束时的管内介质温度，℃。

二、室内管道严密性试验

（1）严密性试验应在强度试验合格后进行，试验用压力计量装置应采用 U 形压力计，U 形压力计的最小分度值不得大于 1mm。

（2）试验压力应为设计压力且不得低于 5kPa。

（3）严密性试验稳压的持续时间应为 24h，每小时记录不应少于 1 次，当修正压力降小于 133Pa 为合格。修正压力降应按下式确定：

$$\Delta p' = (H_1+B_1)-(H_2+B_2)(273+t_1)/(273+t_2) \tag{8-2}$$

式中　$\Delta p'$——修正压力降，Pa；

H_1，H_2——试验开始和结束时的压力计读数，Pa；

B_1，B_2——试验开始和结束时的气压计读数，Pa；

t_1，t_2——试验开始和结束时的管内介质温度，℃。

第六节　工程竣工验收

本节以百川燃气有限公司的工程竣工验收标准为例进行介绍。

为指导中、低压工程施工与质量的验收工作，从施工环节降低安全隐患，减少后期整改工作，确保施工质量，减小对后期的运营维护工作造成的困难，百川燃气有限公司特制定工程竣工验收标准。

此验收标准适用于百川燃气有限公司及下属各成员企业运行部、客服部对中低压管线及标识设施、阀门井、中低压调压柜（箱）、"非居"用户的设备验收工作。

实际验收过程中，运行部、客服部参与验收人员，应根据工程实际情况，严格按照流程进行验收、签字，每次验收都保存验收单据，严格把控各环节。

中、低压管线及附属设施验收在遵守本标准外，须严格遵守国家现行有关标准规范。

一、中压验收

（一）现场验收

工程部组织发起的管道吹扫、严密性试验、强度试验、管线埋设及附属设施验收、调压柜验收、阀门井验收等，成员企业运行部需指派人员全程参与。

1. 管道吹扫

（1）中压管线吹扫均采用压缩空气进行。

（2）中压管线严禁使用氧气和可燃气体进行吹扫。

（3）吹扫管段内的调压器、阀门、过滤器、燃气表等设备不应参与吹扫，待吹扫合格后再安装复位。

（4）验收时需要求现场管理员提供穿越段施工过程中的照片（关注端帽及拉头），确保穿越施工过程中无杂质进入。

（5）管道验收方式采用分段吹扫、整体压力试验的形式。

（6）吹扫过程中打压口和吹扫口应分别处于管道两端，严禁管道同一侧既打压又吹扫。

（7）吹扫时候需用专用吹扫阀门进行，吹扫口直径宜参照表 8-8 执行。

表 8-8　管道吹扫直径选取表

末端管径（mm）	DN＜150	150≤DN≤300	DN≥350
吹扫直径（mm）	与管道同径	150	250

（8）管线进行吹扫时，吹扫距离不宜超过 500m。

（9）长度小于 12m 的管线可不进行吹扫压力试验。

2. 压力试验

试压用的压力表应经过校验，并应在有效期内，压力表精度应不低于 1.5 级（表盘 15cm），试压时的压力表应不少于两块，分别安装在试压管段的两端，稳压时间应在管段两端压力平衡后开始计算。

1）强度试验

强度试验压力为设计压力 1.5 倍，达到试验压力后稳压 1h，不掉压为合格，此过程需运行人员全程监督。

2）严密性试验

严密性试验在强度试验合格后进行，严密性试验压力应为设计压力的 1.15 倍，稳压时间 24h，稳压期间每小时进行压力记录（此记录由施工队提供，运行部存档），不掉压为合格。此过程运行人员需在打压前后进行压力值检查，并检查稳压期间压力变化情况的小时记录。所有未参加严密性试验的设备、仪表、管件，应在严密性试验合格后进行复位，然后按设计压力对系统升压，应采用发泡剂检查设备、仪表、管件及其与管道的连接处，不漏为合格。

3．管线埋设及附属设施验收

（1）运行人员验收管道时，需要求施工方在管线上方指定位置（关键部位）挖探坑（探坑按照 1km 2～3 个为标准，根据现场具体情况可调），检查警示带是否埋设在管道正上方 30～50cm 处，检查距管道顶部 50cm 内回填土的质量（应无砖头、瓦块等杂物），管道埋深及走向是否与竣工图纸一致。如特殊工程不具备完工后挖探坑检验埋深的条件，可由成员企业工程主管发起流程，邀请成员企业运行部在施工过程中进行管线埋设的验收，运行部现场测量后拍照留存，并将照片上报运行管理部。

（2）成员企业运行部技术员通过管线定位仪检测从始端到末端埋设示踪线正常与否，并填写示踪线验收单，确保示踪线能准确定位地下管线埋深和走向。联合验收时，运行管理部对埋设示踪线进行抽检。

（3）地下燃气管道埋设的最小覆土厚度(最终地表路面至管顶)应符合下列要求：

① 埋设在机动车道下时，不得小于 0.9m。

② 埋设在非机动车车道(含人行道)下时，不得小于 0.6m。

③ 埋设在水田下时，不得小于 0.8m。

管道埋设条件低于设计规范的应按照工程技术部签字认可的安全防护方案进行埋设。

（4）警示桩埋设应符合城区内每 30m 一个，城区外每 100m 一个的标准，转角位置、穿越出入土点等特殊位置应单独设置警示桩。

（5）钢制地埋管道水泥地面出土位置需增设套管，且套管按规范进行封堵。

（6）穿越段加装示踪线。

4．调压柜验收

（1）新建调压柜周围需设置护栏，高度不低于 1.8m，栏网的密度不能超过 20cm，内部空间以开关调压柜门无障碍为标准，护栏外形粉刷要以黄色为主。

（2）调压柜底座要求砖砌或浇筑，高出地面 0.3m，外墙抹灰。内部以细砂填实。

（3）调压柜（箱）防静电接地不应少于两点，成员企业运行部技术员通过摇表测量防静电接地电阻，实测值应小于 10Ω，并将测量结果填写验收单据。联合验收时，运行管理部对防静电接地电阻进行抽检。

（4）调压柜安全放散管管口距地面高度不应小于 4m，工业用户燃气设备放散口应高于周围建筑物 2m 以上，且距地面不应小于 5m（特殊情况放散口可引至建筑物外墙面 4m 以外进行放散）。

（5）"五证"验收。

① 图纸会审记录单。

② 流量计选型参数表。

③ 流量计检定证书。

④ 流量计首次运行确认单。

⑤ 工程联合验收记录单。

5．钢制阀门井验收

（1）根据地区需要检查阀门井是否做防水。

（2）阀门井深度大于 1.5m 时，应在上人孔正下方的墙体上设置爬梯，爬梯尺寸应便于日常使用。

（3）DN200mm 以上的阀门应设置支墩。

（4）钢制阀门井必须做成方井，如有必要，井内应在不影响阀门操作的位置留设集水坑。

（5）阀门井尺寸验收时，验收人员应下井尝试，能够满足阀门维修、维护距离要求为合格。

（6）阀门井内部阀门及四周杂物需清理干净，阀柄及铭牌需安装到位，阀门井四周回填土应分层回填夯实。

6．PE 阀门井验收

（1）阀门周围应用良好的砂土填埋，并分层夯实；阀门上部采用优质细砂覆盖层。

（2）阀门井施工完成后将阀门井内部及四周杂物清理干净，阀门井外四周回填土应分层回填夯实。

（二）资料审查

1. 验收单据

运行人员验收时需按照验收顺序中的各个环节进行验收，并将验收结果如实填写在相对应的验收记录单中：《管道吹扫验收记录单》、《燃气管道强度试验记录单》、《燃气管道严密性试验验收记录单》、《示踪线验收记录单》、《阀门井验收记录单》、《调压柜验收记录单》。

2. 验收流程、环节

各成员企业运行人员将 6 个验收记录单全部填写完成后，根据验收情况生成《运行系统验收记录单》后，运行管理部人员按照运行验收单参与成员企业发起的联合验收。联合验收通过后，填写《运行置换通气记录单》。

3. 联合验收审查资料

（1）图纸会审记录单。
（2）技术交底记录单。
（3）管沟回填验收记录单。
（4）示踪线验收记录单。
（5）调压柜验收记录。
（6）管线打压吹扫记录单。
（7）初步验收记录单（在发起联合验收时将此单据添加至 OA 流程）。
（8）工程竣工图（需标注管线具体走向、标志桩位置、转角桩位置）。
（9）运行置换通气记录单。

二、低压验收

（一）基本规定

1. 生料带验收要求

（1）密封材料应采用油性聚四氟乙烯胶带（生料带）。
（2）严禁逆时针缠绕、断层缠绕生料带。

2. 套扣验收要求

（1）管道连接时螺纹应整洁、光滑端正，严禁有毛刺和缺丝、乱丝、断丝、斜丝。

（2）连接牢固后，螺纹外露 1～3 扣，镀锌管与管件无明显齿痕。

3．防腐验收要求

（1）埋地部分防腐应采用环氧煤沥青冷缠带，在被防腐部位表面无杂质的情况下按照三油两布方式进行防腐处理，防腐应附着牢固，不得有剥落、皱纹、针孔、气泡等缺陷。

（2）防腐部位应完全覆盖钢塑过渡钢管与 PE 管转换部位及焊口。

（3）防腐应完全出地面，且不应低于地面 5cm。

（4）采用环氧煤沥青冷缠带防腐的，应在防腐自然干燥后或采取在防腐外表面包裹塑料布等措施后方可进行安装。

（5）套管要求。

① 钢塑过渡出土处或镀锌管穿墙时应加装钢制套管，套管内填充柔性、防水材料，并用软性防火材料加以封堵。套管加装规格见表 8-9。

表 8-9　钢塑过渡出土处或镀锌管穿墙时加装钢制套管规格

燃气管道（mm）	DN15	DN20	DN25	DN32	DN40	DN50
套管（mm）	DN32	DN40	DN50	DN65	DN65	DN80

② 套管内燃气管道不得设有任何形式的连接接头（不含纵向或螺旋焊缝及经无损检测合格的焊接接头）。

4．焊接验收要求

（1）焊口不能低于母材，焊缝高度不能高于 3mm。

（2）焊缝表面要求焊缝宽度、高度应均匀，不能有表面气孔、夹渣、未焊透、烧穿、咬边、裂纹及根部收缩等缺陷，焊后应将焊渣清理干净。

（二）现场验收

1．引入管及低压管线验收

1）引入管验收标准

（1）补偿器不得有下沉现象。

（2）引入管距周围墙体不得小于 15cm，便于维修。

（3）引入管补偿器后需设有三角支架。

2）低压管线验收标准

（1）埋设在小区内工程车道的管道，埋深不得小于 1.2m。

（2）埋设在普通车行道下时，埋深不得小于 0.9m。

（3）埋设在非机动车车道（含人行道）下时，埋深不得小于 0.6m。

（4）埋设在机动车不可能到达的地方时，埋深不得小于 0.6m。

2．管道吹扫

（1）吹扫介质宜采用压缩空气，严禁采用氧气和可燃性气体。

（2）管道吹扫应按主管、支管、庭院管的顺序进行吹扫，吹扫出的脏物不得进入已合格的管道。

（3）吹扫管段内的调压器、阀门、过滤器、燃气表等设备不应参与吹扫，待吹扫合格后再安装复位。

（4）吹扫时应设安全区域，吹扫出口前严禁站人。

（5）管道内无杂物、无水吹扫方为合格。

3．压力试验

1）强度实验验收要求

强度试验压力应为设计压力的 1.5 倍且不得低于 0.1MPa；稳压不少于 0.5h 后，压力计量装置无压力降为合格。

2）严密性实验验收要求

户内验收采用 U 形压力计结合泡沫水进行严密性实验，要求单户严密性试验不低于 20min 后，U 形压力计不降为合格。

4．附属设施验收

1）警示桩（牌）验收标准

（1）警示桩应设置在燃气管道的正上方，并能正确地指示管道的走向。设置位置应为管道转弯处、三通和四通处、管道末端、管道穿越出入土点等。

（2）直线管道警示桩设置间隔宜为 30m。

（3）警示牌采用铝板贴反光膜警示牌，用钢钉安装在硬化路面或周围墙体上，高度以 1.5m 为宜，并能正确地指示管道的走向。

2）警示带验收标准

（1）低压管网沿线应连续敷设警示带，警示带敷设前应将敷设面压实，并平整地敷设在管道的正上方，距管顶的距离宜为 0.3～0.5m，但不得敷设于路基和路面里。

（2）警示带宜采用不易分解的黄色聚乙烯材料，并印有明显、牢固的警示语。

3）示踪线验收标准

示踪线连续敷设原则上不超过 300m 宜设一处检测位置，在检测位置处示踪线应该保持连续并预留出 1～2m，以备今后探测施加信号所用。

5．调压设施验收

（1）调压箱的箱底距地坪的高度宜为 1.0～1.2m，可安装在用气建筑物的外墙壁上或悬挂于专用的支架上。

（2）当安装在用气建筑物的外墙上时，调压器进出口管径不宜大于 DN50mm。

（3）调压箱不应安装在建筑物的窗下和阳台的下的墙上。

（4）安装调压箱的墙体应为永久性的实体墙。

（5）调压箱上应有自然通风孔。

（6）调压柜应单独设置在牢固的基础上，柜底距地坪高度宜为 0.3m。

（7）安装调压箱（柜）的位置应使调压箱（柜）不被碰撞，不影响观瞻并在开箱（柜）作业时不影响交通。

（8）调压柜周围应铺设护栏。

（9）调压箱内填铺细砂与基座等高。

（10）调压柜下方应安装防雷、防静电接地装置，电阻不大于 10Ω。

（11）调压柜放散管应垂直于地面，放散口距地面不得小于 4m。

（12）少于 4 个（包含 4 个）螺栓的法兰，应有跨接。

（三）资料审查

1．城镇报验资料

（1）竣工图纸（无竣工图纸需设计图纸）。

（2）初步验收单（表 8-10）填写要求：应将物料、户数、管道长度、管道埋深填写清楚。

（3）管道走向误差不得大于 60cm。

表 8-10　初步验收单

工程名称		分部分项工程名称	
工程地点		施工单位	
检查验收依据			

续表

检查验收内容			
检查验收意见			
施工单位		监理单位	
现场管理员		燃气公司工程主管	
验收日期			

2．村街报验资料

（1）初步验收单填写要求：应将物料、户数、管道长度、管道埋深填写清楚。

（2）村街管线走向图填写要求：标注出每户的户名，重点部位描述（调压柜、调压箱、阀门井、主干管线长度及管径）。

（3）××公司××村设备明细表（表 8-11）应真实、准确、完整填写。

（4）管道走向误差不得大于 40cm。

表 8-11　××公司××村设备明细表

基本信息					
建设户数	警示桩数量	警示牌数量	调压柜数量	调压箱数量	阀门井数量
调压箱柜具体情况					
序号	编号	位置描述		是否加装护栏	备注
1					
2					
阀门井具体情况					
序号	编号	位置描述		是否加装护栏	备注
1					
2					
项目验收日期					
城镇对接人姓名			联系方式		

第九章　安全管理

　　施工单位入场前应进行安全生产管理，做好施工前各项准备工作，明确项目经理、安全员和建设方安全生产监督管理职责。

一、施工单位入场条件

　　施工单位应当具备安全生产法和有关法律、法规和国家标准或行业标准规定的安全生产条件方可入场施工。

二、施工单位项目经理安全生产职责

　　（1）按照国家相关规定设置合理数量的专职安全员（需取得国家认可证件）；每个村街至少设置一名兼职安全员。进场前一周将安全员名单、联系方式及填写好的《施工单位负责人及安全员登记表》（一式两份），报送至安全管理部，由成员企业安全主管确认，安全主管副总审核签字，一份由施工单位留存备查，一份由安全管理部存档。未按要求报送，不得进场施工。

　　（2）施工单位负责人和安全员施工前应参加建设方组织的安全技术交底。施工单位负责人至少在入场前五日内与建设方签订《安全生产协议》。

　　（3）依建设方要求组织对所有施工人员进行安全交底，落实组织内部安全责任，并告知从业人员的权利与义务以及各工作岗位存在的风险及预防措施。全体施工方参建人员必须在熟知安全交底内容后在《参加安全交底作业人员花名册》上签字确认，花名册及交底内容一式两份，一份留村街安全员处备查，另一份交由安全管理部存档。如有新职工参建，应经岗前二级、三级安全教育培训（填写培训记录）并进行安全交底后参加工作，第二周周一更新安全交底花名册并报安全管理部。

（4）为施工人员配齐质量合格的劳动防护用品，配备照明、警示灯、护栅、警告标志牌等安全用具。填写《劳动保护用品登记表》，登记后交安全管理部备查。

（5）特种作业人员持证上岗率达到100%，新员工二级、三级安全培训率100%。向成员企业安全员提交《特种作业人员登记表》，并附身份证及有效证件的复印件。

（6）保障人员就餐及住宿环境安全。进场前至少五日内，组织食堂工作人员进行传染病检查，取得健康证，复印件交安全管理部备查。发现施工人员患有传染病应立即隔离，并积极治疗。

（7）组织本单位相关人员参加建设方组织的特种作业人员及PE管焊接人员的考核，考核合格后方可上岗，填写《特种作业人员资格证登记考核表》。

（8）依图纸进行样板间安装并申请验收，经验收合格后方可进场施工。

三、施工单位安全员安全生产职责

（1）认真学习安全施工交底有关内容，负责施工人员安全交底工作的开展。

（2）对所有入场的施工人员进行岗前培训，新员工进行二级、三级安全培训，并如实记录安全培训情况，留存影像资料；入场新员工，除接受二级、三级安全培训外，还应接受安全交底。

（3）为所有施工人员发放相应的劳动保护用品，填写《劳动防护用品登记表》（表9-1），上交现场管理员处备案。

（4）对所有机械、照明、护栏、警示标志牌等设备进行登记，登记完毕后报现场管理员处备案。

表 9-1　劳动保护用品登记表

序号	姓名	工种	劳动保护用品名称	施工人员签字	日期	发放人
1						
2						

四、入场前建设方安全生产监督管理职责

（一）现场管理员应行使的监督职能

（1）协助安全员与施工单位签订《安全生产协议》。

（2）对施工队的施工能力进行考核，主要考核其劳保防护用品佩戴是否正确，机械设备的数量、质量，电气焊接、热熔、电熔等作业人员的资格和操作能力，警示标志牌的配备等。

（3）整理汇总施工单位提交的入场前相关资料，交安全管理部备查。

（二）安全管理部应行使的监督职能

（1）负责对施工单位负责人和施工队安全员进行安全施工交底，并要求其对施工人员根据岗位进行相对应的安全交底，落实本企业及施工单位的安全责任。

（2）入场两日内与施工单位签订《安全生产协议》。

（3）对施工单位的安全设施投入情况进行检查。

（4）对所有施工队安全员进行集中培训，明确参建方具体职责和任务。

（5）参与样板间的验收，提出合理意见。

（6）参与特种作业人员及 PE 管焊接人员技能考核。

（7）将现场管理员提交的施工单位安全员各项记录整理汇总后提交安全管理部。

（8）入场五日内完成《施工单位入场前安全管理检查表》（表9-2），上交安全管理部。

表9-2　施工单位入场前安全管理检查表

检查内容	检查情况
	是/否
1. 施工单位安全协议已签订完毕，该村街参建人员已经在花名册上签字	
2. 村街安全员已经指定，施工单位安全员执证事项已经落实	
3. 施工队安全员已经完成培训且考核合格，已明确其职责任务	

续表

检查内容	检查情况
	是/否
4. 施工单位安全员已将所有施工人员安全培训完成，并有记录	
5. 特种作业人员资格均在有效期内，经考核合格，PE 管焊接合格	
6. 该村街参建人员配备劳动防护用品是否配备齐全	
7. 该村街的投入设备经过检查，都能正常运行	
8. 参建单位是否参加过类似工程，具备相应的管理经验	
其他（作为以上未涉及条款的补充项）：	
样板间的安装与检查及验收情况，该单位是否适合此类安装工程，验收人员予以去留确认或提出改进建议	
参加验收样板间人员确认：	
时间：　　　　　　　　　公司： 检查人签字：　　　　　　现场管理员：　　　　　　监理： 安全主管（签字）：　　　　　　　　　安全副总、总助签字：	

填表说明：（1）每份合同对应一份安全协议，每个村街对应一份花名册。

　　　　　　（2）每个单位各项特种作业人员，至少配备一名，如电工、焊工。

　　　　　　（3）样板间安装，原则上应在施工单位正式入场前完成。

（三）工程主管应行使的监督管理职能

（1）对施工单位的各项资质进行检查，确保资质齐全且符合工程性质要求。

（2）组织对施工单位的样板间进行验收，并在《样板间验收记录表》（表 9-3）中明确给出施工队是否有能力胜任村用燃气施工活动的意见。

（3）负责现场管理员的培训工作，明确其安全生产职责和权利。

表 9-3　样板间验收记录表

工程单位		施工地点	
验收依据：			
验收内容应包含但不限于： （1）室内燃气管道安装位置、工艺做法； （2）与相邻电气设备、管道及其他设备设施的安全间距； （3）穿墙部分加装套管及封堵情况； （4）壁挂炉安装要求； （5）灶具的施工安装要求			
验收意见：			
验收小组成员签字确认			
施工单位负责人（签字）			
监理单位（签字）			
施工单位安全员（签字）			
现场管理员（签字）			
安全员（签字）			
工程主管（签字）			
主管工程副总（签字）			
验收日期			

（四）成员企业主管副总职责

（1）各成员企业主管副总组织安全交底，并与施工单位签订《安全生产协议》。

（2）对施工单位报审资料审核并确认，控制施工单位进场条件，在《施工单位入场前安全管理检查表》上签字确认。

（3）组织监理单位、施工单位对特殊工种人员及 PE 管焊接人员进行考核。

（4）组织样板间的验收。

第二节 施工期间安全生产保障及监督管理

施工期间项目经理、安全员和建设方根据各自安全生产保障及监督管理要求，对不符合安全生产的情况及时联系，协同各方进行整改，发现隐患现场解决。

一、施工单位安全生产保障

（一）项目经理的安全生产职责

（1）施工过程中，如遇到与设计图纸不一致的户型，及时与建设单位联系，协同建设单位、设计单位合理布置燃气设施及管路。

（2）督促、检查本单位安全生产工作，及时消除生产安全事故隐患，每周带班安全检查不少于一次，并对检查情况进行记录。

（3）每周至少组织一次安全专题会议，听取安全工作汇报，及时解决安全生产中的问题，形成会议纪要存档备案。

（4）组织制定、完善安全生产事故应急救援预案，依据救援物资储备清单，落实救援物资。

（5）施工现场产生的建筑垃圾随走随清，保持现场清洁。

（6）控制存在危险的施工环节，预防事故发生。

（7）项目经理离开现场连续超过 2d（含 2d），向工程所在地工程主管副总请假。

（8）本单位安全员每人一本安全日志，按日期认真填写。

（9）本单位发生安全事故时，应立即组织抢救，防止事态的进一步扩大，及时、如实报告生产安全事故，并形成书面事故报告上交安全管理部。

（二）施工单位安全员的安全生产职责

（1）贯彻执行政府主管部门和建设单位安全生产的指令和要求，负责本项目的生产安全监护（含落实施工方案中的安全措施）与施工质量的监督管理工作，发现安全、质量隐患及时处理（涉及人身安全的隐患应当日整改），每两日以《村村通隐患管理台账》（表9-4）的形式向成员企业现场管理人员提供工程隐患报表。

表9-4　村村通隐患管理台账

序号	施工单位	隐患位置	隐患内容	检查日期	检查人	责任人	整改情况	整改用时
1								
2								

（2）每日组织召开班前会，根据当日工作安排对施工人员进行与之相关的安全教育，主要内容包括但不限于工作期间可能出现的风险及预防措施、注意事项等，记录在《安全日志》上。

（3）负责对工人（包括实习员工、新员工）进行岗位安全教育培训，从业人员应能熟悉本岗位的职业危害及预防措施。记录培训情况，填写《二级、三级安全培训记录表》，培训完成后将记录交由安全管理部存档（记录含培训内容及参与人员名单）。

（4）每日检查项目施工现场，如实填写《日常施工安全检查表》（表9-5），班后上交现场管理员处备查。

（5）对现场进行风险辨识，辨识出存在的风险，并采取有效的预防措施。发生事故后，迅速组织抢险，抢救伤员，保护好现场并立即报告施工单位负责人、现场管理员或公司安全员，做好详细记录，参与事故调查。

表 9-5 日常施工安全检查表

检查地点：		
检查项目	检查内容	检查结果 是/否
安全管理	安全记录资料是否按时记录、填写正确、内容翔实	
	记录资料与现场实际情况是否相同	
物料运输 存放	物料运输卸车过程应保持平稳状态，不得在地面拖拉物料，不得将物料直接从运输车上抛下	
	物料存放场所物料堆放是否整齐，且有有效的防雨、防潮措施	
	物料集体存放地需有专人看管，防止物料失窃。易燃物品堆放处设置严禁烟火警示牌	
文明施工	施工人员是否按要求佩戴、使用个人防护用品	
	套扣、刷漆、防腐作业场所物品是否摆放整齐，现场环境是否干净整洁，垃圾是否回收处理	
	路口等人员车辆通过位置开挖的工作坑是否设立围挡和警示标志	
	现场临时用电是否使用二级配电箱、二级保护	
	起重作业是否符合规定	
	施工垃圾随走随清	
施工质量	所有使用或备用的机械设备均能正常使用	
	管沟开挖深度是否符合规定，管沟回填是否及时	
	燃气设施安装符合安全间距要求	
	警示带是否按要求敷设（距地埋管道上方30cm,平整）	
	特种作业人员是否持证上岗	
其他问题		
存在问题（详细情况）：		
整改情况：		
检查人员签字： 检查时间：		

要求：每周检查不得少于3次。

二、施工过程建设方的安全监督管理

（一）现场管理员的监督管理职责

（1）要求施工单位按图纸施工，如遇引入管、调压箱位置不符合安全要求的情况时，应及时停止作业并上报工程主管。

（2）记录检查发现或各方反馈的安全隐患，落实整改措施并及时整改，现场发现隐患现场解决。

（3）负责检查和收集施工单位安全员资料，与安全相关的事项交安全管理部备案。

（4）负责本区域内安全生产的巡视与管理工作。

（5）参与安全会议，对隐患提出预防建议。

（6）负责将公司制度、标准、要求及时传达到施工单位负责人和施工队安全员，监督落实。

（7）负责做好与村街政府和村民的沟通工作，提高村民对燃气安全的认识。

（8）负责事故现场的保护、伤员抢救、报告及事故调查工作。

（二）安全管理部的监督管理职责

（1）组织开展本单位安全培训工作，做好施工队安全员、现场管理员、特种作业人员的岗位安全教育，督促施工队安全员做好施工人员的安全培训工作，落实本企业及施工单位的安全责任。

（2）抽检个人防护用品的正确佩戴与使用情况（含建设单位人员），检查安全措施的落实情况。

（3）检查现场各项记录资料与实际情况，汇总隐患，登记并组织整改，做好相关记录。

（4）监督管理施工单位安全员工作，汇总各类检查资料，每周将汇总的资料进行分析后形成《村村通安全分析周报》（周报格式与日常周报相同）与日常周报一起上报安全管理部。

（5）根据施工单位的安全工作开展情况按照奖罚办法提出奖罚建议。

（6）发生生产安全事故，要立即采取措施组织抢救，同时上报有关领导及部门。

（三）主管副总、总助的监督管理职责

（1）成员企业主管副总、总助每月带班检查不少于一次，检查情况记录在《副总、总助带班检查制度》（表9-6），不定期巡查。现场发现的问题，积极制订预防措施加以解决。

（2）根据需要制订完善并落实现场的安全管理制度，落实主体责任与监管责任。发生事故后按"四不放过"（事故原因未查清不放过，事故责任人未受到处理不放过，事故责任人和周围群众没有受到教育不放过，事故制订切实可行的整改措施没有落实不放过）原则处置。

（3）督导施工单位落实安全投入，控制施工过程中的危险环节。

表9-6　副总、总助带班检查制度

检查时间		检查地点	
检查期间发现的隐患：			
整改计划、措施：			
随行人员签名： 副总、总助签名：			

第三节　验收及置换通气环节安全保障及监督管理

施工完成后需要对燃气管道进行验收及置换通气，为保证置换通气安全完成，在验收时应对燃气管道及燃气设施的安全间距、接地、防护和密闭性等进行检查。

一、验收环节的安全保障

（1）验收小组由以下人员组成：检修员、安全员、工程主管、施工单位安全员及项目经理。

（2）户内验收应包含以下工作：

① 安全间距除符合表 4-6、表 6-2 及表 6-3 要求外，还应符合下列规定：

（a）燃气灶具与墙净距不得小于 10cm，与侧面墙的净距不得小于 15cm，与木质门、窗及木质家具的净距不得小于 20cm。

（b）嵌入式燃气灶具与灶台连接处应做好防水密封，灶台下面的橱柜应根据气源性质在适当的位置开总面积不小于 80cm^2 的与大气相通的通气孔。

（c）燃具与可燃的墙壁、地板和家具之间应设耐火隔热层，隔热层与可燃的墙壁、地板和家具之间间距宜大于 1cm。

（d）使用市网供电的燃具应将电源线接在具有漏电保护功能的电气系统上；应使用单相三极电源插座，电源插座接地极应可靠接地，电源插座应安装在冷热水不易飞溅到的位置。

以上验收内容由施工单位安全员填写，现场管理员收集汇总并检查落实情况，安全员负责抽检、留存。

② 管材、管件的紧固性检查，附件检验应包含以下内容：

（a）支架、管卡的设置是否合理。

（b）生料带等施工单位自购附材是否符合公司要求。

（3）户外验收需包含以下部分：

① 警示牌、警示桩的设置是否符合要求。

② 如有架空管线，其支架间距等应依据设计图纸验收，与其他线路交叉或间距不足的位置应有可靠的保护措施。

③ 防雷接地是否符合要求。

④ 管道埋深及警示带敷设与其他设施交叉部位应做保护措施，并留有影像资料。

（4）调压箱（柜）验收需包含以下部分：

① 间距：与其他电力设施、建筑物、构筑物等的间距应符合表 6-1 的要求。

② 接地：防雷、防静电设施是否安装并进行接地电阻检测。

③ 跨接：小于四个螺栓的法兰盘必须做跨接。

④ 交通：是否存在妨碍交通的情况。

⑤ 防护栏：依标准图纸验收。

二、验收过程的监督管理

（1）客服管理部应对已验收过的工程按不低于1%的比例进行抽检。

（2）抽检过程如发现安全隐患问题，现场记录后报告安全管理部，由安全管理部组织整改事宜。

三、置换通气环节的安全保障

（1）置换通气需以下人员参加：成员企业安全员、检修员，巡检员。

（2）成员企业安全管理部对置换通气人员进行安全培训，培训资料为《置换与安全宣传》，培训完成后方可开展置换通气工作。置换人员在置换通气过程中应完成以下工作并记录：

① 自闭阀的有效性检查。

② 双开口未通气端密封性检查。

③ 灶具的熄火保护功能及置换完毕后的泄漏检查。

④ 对客户燃气设施操作程序进行指导，确保用户操作无误。

⑤ 发放安全宣传资料，并进行口头安全宣传，得到用户签字确认。

（3）置换通气环节的安全宣传要求。

① 置换通气人员在置换通气环节必须向每户发放纸质版安全宣传资料，并提醒用户阅读。

② 安全管理部联合客服部在村内宣传栏张贴海报（安全管理部已下发到各成员企业安全管理部），每个宣传栏张贴三张海报，每个村街根据规模设置2～5处宣传栏。在通气村街主要街道设置2～3处安全宣传横幅（或墙体安全标语）。

③ 已开通用气的村街，安全管理部应组织村委会相关人员、村民代表、巡检员及用户开展安全培训工作（培训材料使用安全管理部下发的《村村通燃气用户安全培训》课件）。

④ 客服管理部在微信公众号每月至少推送2次安全用气知识的文章。

⑤ 各公司根据实际情况联系公众媒体平台，推送关于用户安全知识的文章。

⑥ 在客服营业厅设置安全宣传的展板，供购买气用户学习，有必要时客服人员应对用户进行讲解。

⑦ 客服部适时在已通气村街开展现场安全宣传活动，为用户讲解安全用气知识。

⑧ 在电视台播放安全用气宣传动画。

四、置换通气环节的安全注意事项

（一）置换人员须知

（1）应熟知通气流程。

（2）在入户置换的前一日前应将调压箱与主管线置换完毕，操作必须按《置换通气作业指导书》的要求实施。

（3）新建或改线大修后的燃气管道必须经过燃气置换方能正常投入使用。

（4）负责置换人员应要对所通气的管道及设备进行仔细检查，符合技术要求时，才允许拆除盲板，并在末端设放散口放散。

（5）测试放散是否合格应采用容积为 500mL 左右的饮料瓶取气样，再进行点火试验，点火试验应远离燃气污染区，严禁直接在放散管上试火。

（6）燃气管道通气时，应缓慢开启阀门。管内速度不得大于 5m/s，通气压力不得大于 0.005MPa（500mm 汞柱）。

（7）管道末端放散管一般要求高出地面 2m，应设专人看守，看守人员应站在上风处。

（8）放散时要注意周围环境，严禁放散出来的燃气空气混合物进入室内。

（9）放散时应禁止闲人靠近，禁止放散区内出现任何火种。

（10）每次维修完毕必须对维修后的管道进行严密性试验，试验合格后方可置换通气。

（二）置换通气要求

燃气设施维护、检修或抢修作业完成后，应进行全面检查，合格后方可进行置换作业。置换作业应符合下列规定：

（1）应根据管线情况和现场条件确定放散点数量与位置，管道末端必须设置放散管并在放散管上安装取样管。

（2）置换放散时，应有专人负责监控压力及取样检测。

（3）放散管的安装应符合下列规定：

① 放散管应避开居民住宅、明火、高压架空电线等场所；当无法避开居民住宅等场所时，应采取有效的防护措施。

② 放散管应高出地面 2m 以上。

③ 对聚乙烯塑料管道进行置换时，放散管应采用金属管道并可靠接地。

④ 用燃气直接置换空气时，其置换时的燃气压力宜小于 5kPa。

（4）燃气设施置换合格恢复通气前．应进行全面检查，符合运行要求后，方可恢复通气。

（三）放散管的数量、口径和放散点位置的确定

（1）放散管的数量根据置换管道长度和现场条件而确定。但是对管道的末端均需设放散点，防止盲肠管道内空气无法排放。

（2）放散管安装于远离居民住宅及明火的位置。放散管必须从地下管上接至离地坪 2.5m 以上的高度，放散管下端接装三通并安装取样阀门。

如果放散点无法避开居民住宅时，则在放散管顶端装 90°活络弯管，根据放散时的风向旋转至安全方向放散，并在放散前通知邻近住宅的居民将门窗关闭和杜绝火种。

（3）放散孔口径的确定。放散孔的口径太小会增加换气时间，口径太大给安装放散管带来困难。一般 DN500mm 以上的管道采用 75~100mm 的放散孔，DN300mm 以下的管道则根据其最大允许孔径钻孔（孔径应小于三分之一管径）。

（四）燃气管道置换方式的选择

（1）间接置换法是用不活泼的气体（一般用氮气）先将管内空气置换，然后再输入燃气置换。此工艺在置换过程中安全可靠，缺点是费用高昂、工序繁多，一般很少采用。

（2）直接置换法是用老管道的燃气输入新建管道直接置换管内空气。该工艺操作简便、迅速，在新建管道与老管道连通后，即可利用燃气的工作压力直接排放管内空气，当置换到管道内燃气含量达到合格标准（取样及格）后便可正式投产使用。

由于在用燃气直接置换管道内空气的过程中，随着燃气输入量的增加燃气与空气的混合气体的浓度可达到爆炸极限，此时在常温及常压下遇到火种就会

爆炸。所以从安全角度上严格来讲，新建燃气管道（特别是大口径管道）用燃气直接置换空气的方法是不够安全的。但是鉴于施工现场条件限制和节约的原则，如果采取相应的安全措施，用燃气直接置换法是一种既经济又快速的换气工艺。由长期实践证明，这种方法基本上属于安全的，所以目前在新建燃气管道的换气操作中被广泛采用。

（五）管内稳压测试要求

（1）换气投产的管道虽然预先进行过气密性试验，但是到换气时已相隔一个阶段，在此期间各种因素可能会造成已竣工管道损坏。例如，土层沉陷或其他地下工程造成已敷设管道断裂或接口松动，或管塞被拆除（管道气密性试验完成后往往容易遗忘安装管塞）等。由于管道分散，上述情况在管道通气之前是无法了解的，若在通气投用时才发现，则非常不利于安全生产。因此，在换气投产前必须完成系统试压工作。

系统试压：往管道内输入压缩空气，压力一般为 3kPa，做短时间稳压试验（一般为 30min 左右），如压力表指针下跌，则说明管道已存在泄漏点，必须找到并修复，直至压力稳定为止。

（2）气密性试验合格，但至通气时间超过半年的管道必须重新按照规定进行气密性试验，合格后方可换气投产。

五、置换通气的监督管理

成员企业安全管理部负责对已通气用户抽检，含记录表格检查、安全宣传效果检查、置换过程检查、现场抽检与资料复核。

第四节　运营环节安全生产保障

农村燃气正式运营后需对安全生产过程进行巡检，定期检修、维护燃气设施，一般每个通气村街需配置巡检员一名，负责日常燃气设施的巡查、维护工作。

巡检员职责如下：

（1）服从燃气公司管理，接受安全、客服验收及巡检培训，掌握排除故障技能，定期检修、维护燃气设施。

（2）熟悉管网走向、位置，掌握一定的巡线知识，按要求对管线进行巡视，保障燃气标识齐全。

（3）独立完成用户安检，指导客户自查、自检，正确使用燃气，操作用气设备，安全用气注意事项，特定情况下的合理处置方式。

（4）若有第三方在燃气设施附近施工，监护施工过程，保障燃气设施安全。如发现有损害管网的行为，及时制止并上报。

（5）配合燃气公司安全宣传工作。

（6）及时处置紧急情况并上报。

网格服务站负责燃气设施的日常维护、管线巡检监督、燃气设施安检工作。

第五节　安全生产事故的应急救援

燃气管道施工过程中应建立应急救援机制，对施工过程中出现的安全生产事故进行紧急救援，防止生产事故扩大，减少人员伤亡和财产损失。

一、应急抢险组织及机制

（1）施工单位应建立、健全抢险、抢救组织。

（2）施工单位应与附近的医疗机构建立沟通机制，如有人员受伤或昏迷情况可及时得到有效救治。

（3）施工单位应与施工现场水、电等相关负责人建立联动机制，出现险情时能及时联系并有效控制。

二、应急救援器材的配备

（1）施工单位应配备必要的应急救援器材、设备、急救包等物资并保证能正常使用。

（2）施工单位负责保管应急救援材料物资的人员必须经过相应的培训教育，会使用应急救援器材和设备，并掌握一定的急救知识。

三、施工人员应掌握的现场急救知识

（1）掌握适当的临时救治知识，人工呼吸、心肺复苏知识，包扎止血知识。

（2）施工现场可能发生的伤害类型：机械伤害、高空坠落、行车事故、火灾、触电事故、垮塌、高空坠物等。

（3）发生火灾时要迅速逃生，不要贪恋财物；受到火势威胁时可披上浸湿的衣物、被褥等向安全出口方向冲出去，身上着火时不要奔跑，可就地打滚或用厚重的衣物压灭火苗。

（4）发生触电事故时，在保证救护者本身安全的同时，必须首先设法使触电者迅速脱离电源。例如，使用不导电的物体在不伤及人员的情况下保障触电者离开危险区域，然后进行以下抢救工作：

① 解开妨碍触电者呼吸的紧身衣服。

② 检查触电者的口腔，清理口腔的黏液，如有假牙，则取下。

③ 立即就地进行抢救，如呼吸停止，采用口对口人工呼吸法抢救，若心脏停止跳动或不规则颤动，可进行人工胸外挤压法抢救，决不能无故中断。

（5）止血常识。

① 小伤口止血法：用清洁水或生理盐水冲洗干净，盖上消毒纱布、棉垫，再用绷带加压缠绕即可。紧急时，任何清洁而合适的东西都可临时借用做止血包扎，如手帕、毛巾、布条等，将血止住后送医院处理伤口。

② 加压包扎止血法：加压包扎止血适用于一般静脉出血或毛细血管出血等。方法是用较厚的纱布盖好伤口后，再用绷带紧紧地缠绕住，即能达到止血的目的。

③ 骨骼出血止血法：血液颜色暗红，可能伴有骨折碎片，血中浮有脂肪油滴。骨骼出血可用敷料或干净的多层手帕等填塞止血。

④ 间接指压止血法：这是一种最方便、及时的临时止血方法，主要用于动脉出血。

操作方法：在出血动脉的近心端，用拇指和其余手指将动脉压在该处的骨面上，以达到止血的目的。

⑤ 止血带止血法：止血带止血是一种行之有效的方法。止血带有橡皮止血带、布制止血带（大三角巾、大手帕叠成条状）和临时止血带等。

具体方法：将止血带放置于出血部位的上方，将伤肢扎紧，把血管压瘪而达到止血的目的。这种方法只适用于四肢部位血管的出血。

四、事故发生后的救援要求

（1）发生生产安全事故后，事故现场有关人员应当采取有效措施进行现场救援并防止事故扩大，同时报告施工单位负责人和现场管理员。

（2）施工单位负责人接到事故报告后，应当迅速采取有效措施，组织抢救，防止事故扩大，减少人员伤亡和财产损失。现场管理员接到事故报告后，立即赶赴现场组织抢救，保护事故现场并立即报告公司负责人，公司负责人立即组织相关人员开展救援工作，并按照国家有关规定如实报告当地负有安全生产监督职责的部门。

（3）发生事故后有关人员不得隐瞒不报、谎报或迟报，不得破坏事故现场、毁灭有关证据。事故调查依国家相关规定进行。

第十章　运营维护

第一节　一般规定

　　燃气供应单位对燃气设施的运行与维护应制定下列管理制度和操作规定，管理制度应包括工作内容和范围，明确责任人。

　　（1）燃气管道及其附件巡查、维护制度和操作规定。

　　（2）用户设施的检查、维护、报修制度和操作规定。

　　（3）用户用气设备的报修制度。

　　（4）日常运行中发现问题和事故处理的上报程序。

第二节　管道及其附件的运行与维护

　　燃气管道及其附件定期巡查维护可有效降低燃气管道运行风险，燃气企业应形成定期巡查、检测运行维护制度。

一、燃气管道巡查

　　燃气管道巡查应包括下列内容：

　　（1）管道安全保护距离内不应有土壤塌陷、滑坡、下沉、人工取土、堆积垃圾或重物、管道裸露、种植深根植物及搭建建（构）筑物等现象。

　　（2）管道沿线不应有燃气异味、水面冒泡、树草枯萎和积雪表面有黄斑等异常现象或燃气泄出声响等。

　　（3）不应有因其他工程施工而造成管道损坏、管道悬空等现象，施工单位应向城镇燃气主管部门申请现场安全监护。

（4）不应有燃气管道附件及标志丢失或损坏情况。

（5）穿跨越管道、斜坡及其他特殊地段的管道，在暴雨、大风或其他恶劣天气过后应及时巡检。

（6）架空管道及附件防腐涂层应完好，支架固定应牢靠。

（7）应定期向周围单位和住户询问有无异常情况。

在巡查中发现问题，应及时上报并采取有效的处理措施。

二、管道检测

（一）管道检测周期

（1）埋地管道泄漏初检周期应根据材质、设计使用年限及环境腐蚀条件等因素确定。

（2）埋地管道常规的检漏初检周期应符合下列规定：

① 聚乙烯塑料管线和设有阴极保护的钢质管道，检测周期不应超过 1 年。

② 未设阴极保护的钢质管道，检测周期不应超过半年。

③ 被违章占压的管线，应强制整改，在未整改之前应每季度检测 1 次。

④ 管道运行时间超过设计使用年限的 1/2，检测周期应缩短至原周期的 1/2。

⑤ 新通气管线在 24h 内进行泄漏检测一次，并在 1 周内进行复测。

⑥ 切线、接线的焊口及管道泄漏修补点应在操作完成通气后立即进行泄漏检测，并在 1 周内进行复测。

（3）管道附属设施的泄漏检测周期应不大于与其相连管道的泄漏检测周期。

（4）管道附属设施在更换或检测完成通气后应立即进行泄漏检测，并应在 24~48h 内进行 1 次复检。

（二）管道检测方法

（1）埋地管道的泄漏初检可采取车载仪器、手推车载仪器或手持仪器等检测方法，检测速度不应超过仪器的检测速度限定值，并应符合下列规定：

① 对埋设于车行道下的市政主干管道，宜采用车载仪器（如激光检测车）进行快速检测，车速不宜超过 30km/h，架空管网宜采用遥距激光检漏仪及无人机配合检测。

② 对于埋设于人行道、绿化地、庭院等区域的管道，宜采用手推车或手持仪器进行检测，行进速度宜为 1m/s，应与定位检测同时进行。

（2）采用仪器检测时，应沿管道走向在下列部位进行检测：

① 燃气管道附近的道路接缝、路面裂痕、土质地面或草地等。

② 燃气管道附属设施及泄漏检查孔、检查井等。

③ 燃气管道附近的其他市政管道井或管沟等。

（3）在使用仪器检测的同时，应注意查找燃气异味，并应观察燃气管道周围植被、水面及积水等环境变化情况。当发现有下列情况时，应进行泄漏判定：

① 检测仪器有明显的浓度变化。

② 空气中有异味或有气体泄出声响。

③ 植被枯萎、积雪表面有黄斑、水面冒泡等。

（4）泄漏判定应判断是否为燃气泄漏及泄漏气体的种类。经判断确认为燃气泄漏后，应立即查找漏点。

（5）检测孔检测或开挖检测前应核实地下管道的详细资料，不得损坏燃气管道及其他市政设施。检测孔内燃气浓度的检测应符合下列规定：

① 检测孔应位于管道上方。

② 检测孔数量与间距应满足找出泄漏燃气浓度峰值的要求。

③ 检测孔深度应大于道路结构层的厚度，孔底与燃气管道顶部的距离宜大于 300mm，各检测孔的深度和孔径应保持一致。

④ 燃气浓度检测宜使用锥形或钟形探头，检测时间应持续至检测仪器示值平稳为止。

（6）检测孔检测完成后，应对各检测孔的数值进行对比分析，确定燃气浓度峰值的检测孔，并应从该检测孔进行开挖检测，直至找到泄漏部位。

（7）开挖前，应根据燃气泄漏程度确定警戒区，并应设立警示标志，警戒区内应对交通采取管制措施，严禁烟火。现场人员应佩戴职责标志，严禁无关人员入内。

（8）开挖过程中，应随时监测周围环境的燃气浓度。

（9）经开挖确认漏点后，应立即上报并启动抢险程序。根据泄漏情况重新设置警戒区域，根据风向随时监测周围环境燃气浓度变化。

（10）对架空管道进行泄漏检测时，检测距离不应超过检测仪器的允许值。

三、阀门的运行、维护

阀门的运行、维护应符合下列规定：

（1）应定期检查阀门，应无燃气泄漏、损坏等现象，阀门井应无积水、塌陷，无妨碍阀门操作的堆积物等。

（2）阀门应定期进行启闭操作和维护保养。

（3）无法启闭或关闭不严的阀门，应及时维修或更换。

四、调压装置运行、维护

（1）调压装置的运行应符合下列规定：

① 调压装置各工艺管路、接口等不得有泄漏。

② 调压装置各项运行参数符合设计要求。

③ 过滤器前后压差不高于 20kPa。

④ 调压装置周围不得有易燃、易爆物品堆放，且无杂物。

⑤ 各设备主体、管线、螺栓应无腐蚀、变形、油漆剥落起皮、锈蚀；安全标识、报警电话应清晰。

⑥ 检查波纹管调长器调节拉杆，螺母应拧紧，使拉杆处于受力状态。

⑦ 设备的支撑或支座无损坏、开裂、倾斜，紧固件无松动。

⑧ 地下调压箱或地下调压站（室）内应无积水，通风或排风系统应有效，地下调压站（室）内燃气泄漏报警装置应有效。

⑨ 严寒和寒冷地区应配置采暖和保温装置，采暖和保温装置应有效。

⑩ 切断阀、安全放散阀等安全装置可靠，切断阀的反应时间不应大于 2s。

⑪ 压力仪表在检定周期内。

（2）应对运行的调压装置制定巡检计划，并严格按照计划进行巡检。

（3）调压装置巡检周期不大于 30d。巡检内容应包括以下内容：

① 检查调压装置进出口压力是否符合以下要求：民用户燃气压力应在 0.75～1.5PN 的范围内（PN 为燃气具的额定压力）；工商用户应满足用气设备工作压力；关闭压力不大于运行压力的 1.25 倍；放散压力不大于关闭压力的 1.15 倍；切断压力不大于关闭压力的 1.25 倍。

② 使用燃气检漏仪检查调压器、管路、阀门、仪表、部件接口有无泄漏，如有泄漏，应立即进行现场警戒，进行应急处理。

③ 检查安全警示标志是否齐全，消防器材是否配备到位及有无过期，发现问题及时处理。

④ 擦洗设备及管路，清扫地坪，保持卫生清洁，冬季采暖期前应检查采暖和防冻设施是否有效。

⑤ 检查过滤器进出口压差，正常压差不应高于 20kPa，如高于 20kPa 应进行排污。当压差超过 0.1MPa 时，应及时更换或清洗滤芯。清洗滤芯时应在室外操作。

⑥ 检查调压装置周围是否存在安全隐患，发现问题及时处理。

⑦ 现场填写巡检记录，备案待查。

⑧ 过滤器每 30d 排污一次。

⑨ 每 30d 检查安全放散阀有无非超压放散，如发现问题应对放散阀进行维修或更换。

⑩ 每 6 个月检查调压装置关闭压力一次，如关闭压力过高或漏气，应检查调压装置主阀及指挥器皮膜是否老化或破损、弹簧是否失效，并清洗阀口。同时抽查对应民用户灶前压力，抽查测试宜在用气高峰期选择末端进行。

⑪ 各项作业完成后应进行详细记录，并与运营管理系统同步存档。

五、用户设施运行与维护

（1）燃气供应单位应施行对燃气用户设施每年至少一次的检查，并应对用户进行安全用气的宣传。

（2）入户检查应包括下列内容并做好检查记录：

① 确认用户设施有无人为碰撞、损坏。

② 管道是否被私自改动，是否被作为其他电气设备的接地线使用，有无锈蚀、重物搭挂，胶管是否超长及完好。

③ 用气设备是否符合安装规程。

④ 有无燃气泄漏。

⑤ 燃气灶前压力是否正常。

⑥ 计量仪表是否正常。

（3）在进行室内设施检查时，应采用肥皂水检漏或仪器检测，发现问题应及时采取有效的保护措施，由专业人员进行处理。

（4）进入室内进行维护和检修作业，应符合下列规定：

① 进入室内作业应首先检查有无燃气泄漏；当发现燃气泄漏时，应开窗通风，切断气源，在安全的地方切断电源，并应采取措施。

② 燃气设施和器具的维护和检修工作，必须由具有相应资质的单位及专业人员进行。

（5）燃气供应单位应告知用户遵守下列规定：

① 正确使用燃气设施和燃气用具；严禁使用不合格的或已达到报废年限的燃气设施和燃气用具。

② 不得私自改动燃气管线和擅自拆除、改装、迁移、安装燃气设施和燃气用具。

③ 在安装燃气计量仪表、阀门及燃气蒸发器等设施的专用房内不得堆放杂物、住人及使用明火。

④ 严禁使用明火检查泄漏。

⑤ 发现室内燃气设施或燃气用具异常、燃气泄漏、意外停气时，应立即关闭阀门、开窗通风，在安全的地方切断电源，严禁动用明火，并应及时向燃气供应单位报修；严禁用户开启燃气管道上的公用阀门。

⑥ 连接燃气用具的胶管应定期更换，严禁使用过期胶管。

⑦ 应协助城镇燃气供应单位对燃气设施进行检查、维护、抢修工作。

⑧ 燃气用户因个人原因导致燃气设施迁改或拆除的（如更新、翻盖住宅等），必须提前通知燃气供应单位。由燃气供应单位或其指定的有资质的人员先行迁改或拆除。严禁燃气用户私自迁改或拆除。

（6）燃气供应单位应向用户宣传使用自闭阀和可燃气体浓度报警器。

（7）燃气供应单位应联合用气村镇（乡）政府，招聘具有一定专业技能且综合素质较高的驻村综合维修员，并经考核合格后持证上岗。

① 驻村综合维修员必须具备基本的燃气管理和燃气事故初级处置能力（如：巡检、入户安检、抄收；发生燃气事故时切断气源并第一时间上报等）。

② 驻村综合维修员严禁徇私舞弊；严禁与燃气用户联手做出对安全用气不利的违法、违规行为。

六、加臭

（1）加臭剂的添加必须通过加臭装置进行，加臭剂的最小量应符合下列规定：天然气泄漏到空气中，达到爆炸下限的20%时应能察觉。

（2）应定期对燃气管道内的加臭剂浓度进行检测，做好记录，并应符合以下规定：

① 加臭剂浓度检测点应根据管网和用户情况确定，并宜靠近用户端。

② 应保证用户端加臭剂最小检测值应符合下列的规定：

（a）无毒无味燃气泄漏到空气中，达到爆炸下限的20%时应能察觉。

（b）有毒无味燃气泄漏到空气中，达到对人体允许的有害浓度时，应能察觉；对于含有 CO 的燃气，空气中 CO 含量达到 0.02%（体积分数）时，应能察觉。

③ 加臭量的检测应采用仪器检测法。检测仪器可采用气相色谱分析仪和加臭剂检测仪。

第三节　抢　修

燃气管道在第三方破坏或出现其他安全隐患时，需要企业积极响应，采取抢修措施，避免燃气管道破坏后造成更大安全问题。

一、一般规定

（1）燃气供应单位应制定事故抢修制度和事故上报程序。

（2）燃气供应单位应根据供应规模设立抢修机构，并配备必要的抢修车辆、通信设备、防护用具、消防器材、检测仪器等装备。

（3）燃气设施抢修应制订预案，并报有关部门备案。抢修预案应定期进行演习。

（4）接到抢修报警后应迅速出动，并根据事故不同情况可联系有关部门协作抢修。抢修作业应统一指挥，严明纪律，并采取安全措施。

二、作业现场

（1）抢修人员应佩戴职责标志，到达作业现场后，应根据燃气泄漏程度确定警戒区并设立警示标志；在警戒区内严禁明火，应管制交通，严禁无关人员入内。

（2）抢修人员到达作业现场后，必须及时救护受伤人员。

（3）进入警戒区的操作人员应按规定穿戴防护用具，作业时应有专人监护，严禁单独作业。

（4）警戒区内未经批准不得使用非防爆型的机电设备及仪器、仪表。

（5）管道和设备修复后，应作全面检查，防止燃气窜入夹层、窨井、烟道、地下管线和建（构）筑物等不易察觉的场所。

（6）当事故原因未查清或隐患未消除时不得撤离现场，应采取安全措施，直至查清事故原因并消除隐患为止。

三、抢修作业

（1）抢修人员进入事故现场，应立即控制气源、消灭火种，驱散积聚的燃气。在室内应开启门窗通风，严禁启闭电器开关。地下管道泄漏时应采取有效措施，排除聚积在地下和构筑物空间内的燃气。

（2）处理地下泄漏点开挖作业时，应符合下列规定：

① 抢修人员应根据管道敷设资料确定开挖点，并对周围建（构）筑物进行检测和监测；当发现漏出的燃气已渗入周围建（构）筑物时，应及时疏散建（构）筑物内人员并清除聚积的燃气。

② 作业点应根据介质成分设置燃气或一氧化碳浓度报警装置。当环境浓度在爆炸和中毒浓度范围以内时，必须强制通风，降低浓度后方可作业。

③ 应根据地质情况和开挖深度确定放坡系数和支撑方式，并设专人监护。

（3）燃气设施泄漏的抢修宜在降低燃气压力或切断气源后进行。当泄漏处已发生燃烧时，应先采取措施控制火势后再降压或切断气源，严禁出现负压。

（4）抢修时，与作业相关的控制阀门应有专人值守，并应监视管道内的压力。

（5）当抢修中无法消除漏气现象或不能切断气源时，应及时通知有关部门，并作好事故现场的安全防护工作。

（6）修复供气后，应进行复查，确认不存在不安全因素后，抢修人员方可撤离事故现场。

（7）调压站、调压箱泄漏抢修作业应符合下列规定：

① 调压站、调压箱发生泄漏，应立即关闭泄漏点前后阀门，打开门窗或开启风机加强通风，故障排除后方可恢复供气。

② 调压站、调压箱由于调压设备、安全切断设施失灵等原因造成出口超压时，应立即关闭调压器进出口阀门，并放散降压和排除故障。

③ 当压力超过下游燃气设施的设计压力时，应对超压影响区内燃气设施做全面检查，排除所有隐患后方可恢复供气。

（8）用户室内燃气设施泄漏抢修作业应符合下列规定：

① 接到用户泄漏报修后应立即派人检修。进入室内后应打开门窗通风、切断气源，在安全的地方切断电源，检查用户设施及用气设备，准确判断泄漏点，严禁明火查漏；当未查清泄漏点和泄漏原因时，应采取安全措施，直至查清事故原因并消除隐患为止。

② 漏气修理时应避免由于检修造成其他部位泄漏，应采取防爆措施或使用防爆工具，严禁使用能产生火花的铁器等工具进行敲击作业。

四、火灾与爆炸

（1）发生火灾、爆炸等事故，危及燃气设施和周围环境的安全时，应协助消防部门抢救。

（2）当燃气设施发生火灾时，应采取切断气源或降低压力等方法控制火势，并应防止产生负压。

（3）火势得到控制后，应按抢修作业的有关规定进行抢修。

（4）燃气管道及设备发生爆炸后，应迅速控制气源和火种；应保护好事故现场，防止发生次生灾害。

（5）火灾与爆炸灾情消除后，应对管道和设备进行全面检查，消除隐患。

第四节　泄漏事故专项应急预案

为了加强和规范企业安全生产事故应急管理工作，及时有效地应对安全生产事故，最大限度地减少事故造成的人员伤亡、财产损失和社会影响，燃气企业应对泄漏事故作出应急预案。

一、事故类型和预防措施

（一）事故类型

（1）调压站内的分离器、过滤器、调压器及管道等部件长时间使用，承压能力降低，有可能破裂，造成泄漏事故。

（2）流量计系统、加臭系统、管道阀门或仪表损坏，未能及时更换，造成泄漏事故。

（3）安全阀超压不跳起，不能正常泄压，可能发生管道破裂，造成泄漏事故。

（4）管线上的法兰、阀门垫片未能定期更换，垫片破损，密封失效，造成泄漏事故。

（5）施工单位不清楚燃气管线部位，进行施工作业，破坏燃气管线，造成泄漏事故。

（6）碰撞、敲砸、私改、私迁、私自安装燃气管道设施等，也会造成泄漏事故。

（7）燃气用户误操作造成泄漏事故。

（8）地基下沉，路面断裂，造成泄漏事故。

（二）预防措施

（1）按国家规定对仪器、仪表、安全装置进行维护、核验和更换。

（2）及时清除各部位油污、锈斑，不得有腐蚀和损伤。

（3）对新投入使用和保养修理后重新启用的调压器，必须经过调试，达到技术要求后方可投入运行。

（4）按相关标准制订维护、维修方案。

二、应急处置基本原则

以人为本、安全第一；统一领导、分级负责；依靠科技、安全处置。

三、应急救援

（一）应急救援组织体系

成立抢险救援组，设组长、抢险救援人员、通信联络人员，其组织结构如图 10-1 所示。

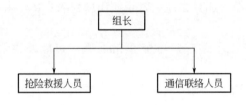

图 10-1　抢险救援组组织结构

（二）应急救援组织机构及职责

1. 组织机构

组长：抢险队长。

抢险救援人员：抢险队成员。

通信联络人员：运行工。

2. 职责

组长职责：负责事故现场抢险救援工作。

抢险救援人员职责：在组长的领导下进行事故的抢险救援工作。

通信联络人员：负责事故信息的上报工作及发布求援信息。

四、预防与预警

（一）危险源监控

（1）由当班人员日常检查对危险源实行监控，并做好检查记录。

（2）门站采用 24h 视频监控及燃气泄漏报警器对危险源实行监控。

（二）预警行动

1．预警信息发布方式

接收到预警信息后，由应急救援办公室采用移动、固定电话通信或派遣专人通信等方式向本公司员工发布。

2．预警措施

（1）当政府有关部门发布预警信息，可能对本公司的生产活动造成损害或造成事故时，应急救援办公室应组织应对，确保本公司的生产活动安全。

（2）按季节变化，有针对性地组织有关人员进行设施、管线的检修与维护。

（3）有迹象发生泄漏时，事故现场人员应立即向主管部门报告，并立即采取处置措施。

五、信息报告程序

（1）事故现场人员报告当班领导，当班领导报告应急救援办公室。

（2）事故现场爆炸区域外采取人工电话报警或口头报警。

（3）有关部门的通信联系方式（略）。

（4）报警的主要内容包括：事故发生的时间、地点、事故危害程度、人员伤亡情况、采取的措施、事故发展的态势等。

（5）应急人员采取移动电话与有关单位及应急队伍取得联系，请求支援。

六、应急处置

（一）应急响应分级

按照综合预案的要求，应急响应分为内部响应与外部响应两个级别。

（1）内部响应级别为依靠内部应急力量能够有效应对事故。

（2）外部响应级别为内部应急力量不足以应对所发生的事故，需要外力量增援，才能有效应对事故。

（二）应急响应程序

应急响应程序见图10-2。

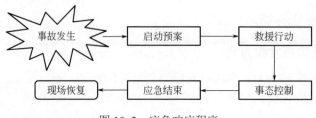

图 10-2　应急响应程序

（三）泄漏事故处置措施

1．泄漏事故现场采取的措施

（1）抢修人员进入事故现场，应立即控制气源，消灭火种，切断电源，驱散积聚的燃气。在室内应进行通风，严禁启闭电器开关及使用非防爆型电话。

（2）燃气设施泄漏的抢修宜在降低燃气压力或切断气源后进行。

（3）抢修作业时，与作业相关的控制阀门必须有专人值守，并监视其压力。

（4）当抢修中暂时无法消除漏气现象或不能切断气源时，应及时通知有关部门，并做好事故现场的安全防护工作。

2．地下泄漏处置措施

（1）抢修人员应根据管道敷设资料确定开挖点，并对周围建（构）筑物进行检测和监测；当发现漏出的燃气已渗入周围建（构）筑物时，应根据事故情况及时疏散建（构）筑物内人员。

（2）地下管道泄漏时应采取有效措施，排除聚积在地下和构筑物空间内的燃气。

（3）应连续监测作业点可燃气体，当环境中可燃气体浓度在爆炸范围内超过规定值时，必须强制通风，降低浓度后方可作业。

3．管道泄漏处置措施

1）钢管泄漏处置措施

（1）泄漏处开挖后，宜对泄漏点采取措施进行临时封堵。

（2）当采用阻气袋阻断气源时，应将管线内燃气压力降至阻气袋有效阻断工作压力以下，且阻气袋应在有效期内使用；给阻气袋充压时，应采用专用气源工具或设施进行，且充气压力应在阻气袋允许充压范围内。

2）聚乙烯塑料管道泄漏处置措施

（1）采取关闭阀门、使用封堵机或使用夹管器等方法有效阻断气源后进行抢修，并应采取措施保证聚乙烯塑料管熔接面处不受压力。

（2）抢修作业中应采取措施，防止静电的产生和聚积。

（3）抢修作业中环境温度低于–5℃或为大风（大于 5 级）天气时，应采取防风保温措施，并应调整连接工艺。

管道、设施等修复完成后进行检漏，合格后恢复供气。若险情失控，向有关部门报告，请求支援。

4．用户燃气泄漏处置措施

（1）当发现燃气泄漏时，在确认可燃气体浓度低于爆炸下限 20％时，方可进行检修作业。

（2）严禁用明火查漏。应准确判断泄漏点，彻底消除隐患。

（3）漏气修理时应避免由于检修造成其他部位泄漏，应采取防爆措施，严禁使用能产生火花的工具进行作业。

（4）修复供气后，应进行复查，确认安全后，抢修人员方可撤离事故现场。

5．门站泄漏处置措施

门站泄漏处置措施应符合下列规定：

（1）抢修人员应采用气体泄漏检测仪来确定泄漏点。

（2）当管道设施发生大量泄漏时，应立即关闭进出站阀门进行抢修。

（3）调压站、调压箱发生泄漏，应立即关闭泄漏点前后阀门，故障排除后方可恢复供气。

七、应急物资与装备保障

公司应配置相应的应急器材，必要时请求消防、医疗等部门及其他社会力量提供物资帮助。

第五节　火灾、爆炸事故专项应急预案

燃气管道若发生泄漏，可导致火灾、爆炸等事故，为积极有效应对火灾、爆炸等突发事件，燃气企业管理部门应对可能发生的火灾、爆炸事故作出应急预案。

一、事故类型和预防措施

（一）事故类型

（1）发生泄漏事故，遇明火可发生火灾、爆炸事故。

（2）管道接地失灵，管道内高压气体高速流过，气流摩擦产生的静电不能及时释放，易发生火灾、爆炸事故。

（3）若检修动火前对检修管段的燃气吹扫不彻底，可能发生火灾、爆炸事故。

（二）预防措施

（1）操作人员进入抢修作业区前应按规定穿戴防静电服、鞋及防护用具，并严禁在作业区内穿脱和摘戴。作业现场应有专人监护，严禁单独操作。

（2）在警戒区内燃气浓度未降至安全范围时，严禁使用非防爆型的机电设备及仪器、仪表等。

（3）规范临时用火制度。

二、应急处置基本原则

以人为本、安全第一；统一领导、分级负责；依靠科技、安全处置。

三、应急救援

（一）应急救援组织体系

成立抢险救援组，设组长、抢险救援人员、通信联络人员，其组织结构如图 10-3 所示。

图 10-3　抢险救援组组织结构

（二）应急救援组织机构及职责

1．组织机构

组长：抢险队长。

抢险救援人员：抢险队成员。

通信联络人员：运行工。

2．职责

组长职责：负责事故现场抢险救援工作。

抢险救援人员职责：在组长的领导下进行事故的抢险救援工作。

通信联络人员：负责事故信息的上报工作及发布求援信息。

四、预防与预警

（一）危险源监控

（1）由当班人员日常检查对危险源实行监控，并做好检查记录。

（2）门站采用 24h 视频监控及燃气泄漏报警器对危险源实行监控。

（二）预警行动

1．预警信息发布方式

接收到预警信息后，由应急救援办公室采用移动、固定电话通信或派遣专人通知等方式向本公司员工发布。

2．预警措施

（1）当政府有关部门发布预警信息，可能对本公司的生产活动造成损害或造成事故时，应急救援办公室应组织应对，确保本公司的生产活动安全。

（2）按季节变化，有针对性地组织有关人员进行设施、管线的检修与维护。

（3）有迹象发生火灾时，事故现场人员应立即向主管部门报告，并立即采取处置措施。

五、信息报告程序

（1）事故现场人员报告当班领导，当班领导报告应急救援办公室。

（2）事故现场采取人工电话报警或口头报警。

（3）有关部门的通信联系方式（略）。

（4）报警的主要内容包括：事故发生的时间、地点、事故危害程度、人员伤亡情况、采取的措施、事故发展的态势等。

（5）应急人员采取移动电话与有关单位及应急队伍取得联系，请求支援。

六、应急处置

（一）应急响应分级

按照综合预案的要求，应急响应分为内部响应与外部响应两个级别。

（1）内部响应级别为依靠内部应急力量能够有效应对事故。

（2）外部响应级别为内部应急力量不足以应对所发生的事故，需要外部力量增援，才能有效应对事故。

（二）应急响应程序

应急响应程序见图 10-4。

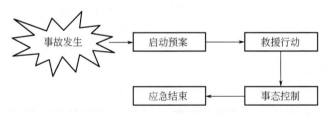

图 10-4　应急响应程序

（三）火灾、爆炸事故处置措施

1. 火灾事故处置措施

（1）发生火灾事故时，若有电源，切断电源，同时向消防部门报告，请求支援。

（2）组织现场人员疏散。

（3）利用就近的控制阀门降低管道燃气压力，保证不出现负压。在危险区域外设置警戒线，禁止无关人员进入火灾现场，保障安全通道顺畅。

（4）根据就地情况和火势情况，利用灭火器对初期火灾进行扑救。

（5）如果现场火灾失控，扑救人员要迅速沿安全通道撤离，在危险区域外实施警戒，等候消防队。当消防队赶到现场后要服从消防人员统一指挥，协助实施灭火、人员急救与疏散工作。

2．爆炸事故现场处置措施

（1）发生火灾事故时存在爆炸的可能，如有爆炸迹象应发出撤离信号，现场人员应立即撤离到安全区域。

（2）爆炸后，进行现场侦查，若衍生火灾，采用火灾事故现场处置措施进行处理。

3．人员烧伤、烫伤处置措施

（1）发生人员烧伤情况，立即把伤员转移到安全地带。

（2）利用现有物资进行救护。

（3）转送医院进行救护或请求医疗部门进行现场救护。

七、应急物资与装备保障

公司应配置相应的应急器材，必要时请求消防、医疗等部门及其他社会力量提供物资帮助。

参 考 文 献

[1] 严铭卿. 燃气工程设计手册. 北京：中国建筑工业出版社，2009.

[2] 《城镇燃气系统设计》编委会. 城镇燃气系统设计. 北京：石油工业出版社，2016.